ニュートン超《ちょう》図《ず》解《かい》新《しん》書《しょ》

最《さい》強《きょう》に面《おも》白《しろ》い

無《む》

はじめに

「無《む》」とは，何《なん》でしょうか？ 無《む》という言葉《ことば》は，何《なに》も存《そん》在《ざい》しないことを意味《いみ》します。そのような無《む》は退屈《たいくつ》で，何《なに》も論《ろん》ずることはないように思《おも》えるかもしれません。

しかし科学者《かがくしゃ》たちは，そうは考《かんが》えません。実際《じっさい》の無《む》は，実《じつ》にダイナミックでエキサイティングです。たとえば，空間《くうかん》から物質《ぶっしつ》などをすべて取《と》り除《のぞ》いて，完《かん》ぺきな「無《む》」の空間《くうかん》をつくったとしても，そこには無数《むすう》の粒子《りゅうし》がひとりでにわきたっているといいます。また，時間《じかん》も空間《くうかん》さえも存在《そんざい》しない「無《む》」から，宇宙《うちゅう》が生《う》まれるという仮説《かせつ》も提案《ていあん》されています。無《む》は現代《げんだい》の物理学《ぶつりがく》にとって重要《じゅうよう》な要素《ようそ》であり，無《む》のすべてを知《し》る者《もの》は，すべてを知《し》りつくすといわれるほどなのです。

本書《ほんしょ》では無《む》を，数字《すうじ》，空間《くうかん》，時空《じくう》の三《みっ》つの観点《かんてん》から，“最強《さいきょう》に”面白《おもしろ》く紹介《しょうかい》します。無《む》から解《と》き明《あ》かすエキサイティングな世界《せかい》を，どうぞお楽《たの》しみください。

ニュートン超図解新書《ちょうずかいしんしょ》

最強《さいきょう》に面白《おもしろ》い

無《む》

イントロダクション

第《だい》1章《しょう》 数字《すうじ》の「無《ゼロ》」の誕生《たんじょう》

第《だい》2章《しょう》 自然界《しぜんかい》に登場《とうじょう》する「無《む》」の数《かず》

第《だい》3章《しょう》
空間《くうかん》の「無《む》」の発見《はっけん》

第《だい》4章《しょう》
「無《む》」の空間《くうかん》には何《なに》かが満《み》ちている

【本書《ほんしょ》の主《おも》な登場人物《とうじょうじんぶつ》】

ロバート・オッペンハイマー

（1904～1967）

アメリカの理論物理学者《りろんぶつりがくしゃ》。陽電子《ようでんし》論《ろん》，素粒子論《そりゅうしろん》，原子核理論《げんしかくりろん》，天体《てんたい》物理学《ぶつりがく》などの分野《ぶんや》で業績《ぎょうせき》を上《あ》げた。1939年《ねん》にブラックホールの存在《そんざい》を予言《よげん》している。

女子中学生《じょしちゅうがくせい》

ネコ

イントロダクション

ひと口《くち》に「無《む》」といっても，さまざまな無《む》があります。本書《ほんしょ》では，数字《すうじ》としての「無《む》」，空間《くうかん》としての「無《む》」，時空《じくう》の「無《む》」の，三《みっ》つを紹介《しょうかい》します。イントロダクションでは，この三《みっ》つの無《む》について，簡単《かんたん》に紹介《しょうかい》します。

1 古代《こだい》から研究《けんきゅう》されてきた「無《む》」

私《わたし》たちは「有《ゆう》」の世界《せかい》に生《い》きている

私《わたし》たちの身《み》のまわりをながめてみると，実《じつ》にさまざまな物《もの》にあふれています。あなたが吸《す》いこむ部屋《へや》の空気《くうき》，私《わたし》たちの住《す》む地球《ちきゅう》，そして私《わたし》たち自身《じしん》の体《からだ》も――。この世《よ》のすべては，物《もの》で満《み》たされているようにみえるのではないでしょうか。**私《わたし》たちは「有《ゆう》」の世界《せかい》に生《い》きているといえます。**

では逆《ぎゃく》に，そうしたものを取《と》りのぞいた「無《む》」の世界《せかい》を想像《そうぞう》してみましょう。

「無《む》」を探求《たんきゅう》していくと,「有《ゆう》」の世界《せかい》が見《み》えてくる

物《もの》がないという意味《いみ》での「無《む》」は,「真空《しんくう》」とよばれます。

真空《しんくう》の存在《そんざい》は,提唱《ていしょう》されてから2000年《ねん》もの間《あいだ》,人々《ひとびと》に受《う》け入《い》れられなかった歴史《れきし》があります。また,空気《くうき》も何《なに》もないからっぽな空間《くうかん》というと,宇宙空間《うちゅうくうかん》をイメージする人《ひと》も多《おお》いでしょう。そこには,真空《しんくう》の世界《せかい》が広《ひろ》がっています。しかし,そんな真空《しんくう》も,完全《かんぜん》な「無《む》」とはいえないといいます。「無《む》」を探究《たんきゅう》していくと,不思議《ふしぎ》なことに「有《ゆう》」の世界《せかい》が見《み》えてくるのです。そんな,古代《こだい》から多《おお》くの科学者《かがくしゃ》を魅了《みりょう》してきた「無《む》」の世《せ》界《かい》を,旅《たび》していきましょう。

1 無《む》

物《もの》がないという意味《いみ》での「無《む》」は，「真空《しんくう》」とよばれます。一方《いっぽう》，宇宙《うちゅう》は，時間《じかん》も空間《くうかん》すらも存在《そんざい》しない「無《む》」から誕《たん》生《じょう》したという仮説《かせつ》があります。

物《もの》がないという意味《いみ》の「無《む》」（真空《しんくう》）のイメージ

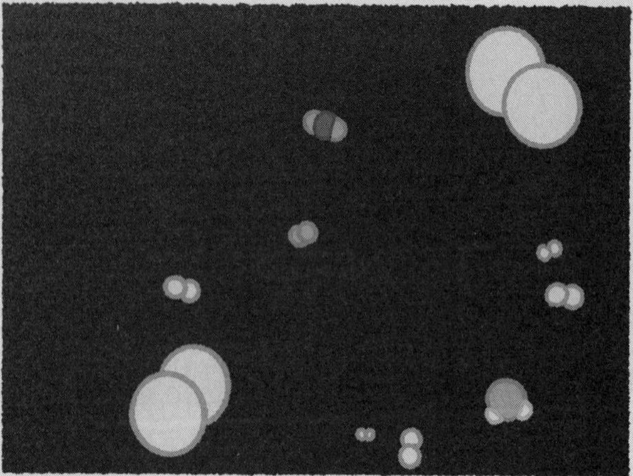

時間《じかん》も空間《くうかん》もない「無《む》」から宇宙《うちゅう》が誕生《たんじょう》するイメージ

2 三《みっ》つの「無《む》」から世界《せかい》の本当《ほんとう》の姿《すがた》がわかる

数字《すうじ》の「無《む》」がなければ，科学《かがく》の発展《はってん》はなかった

本書《ほんしょ》では，三《みっ》つの「無《む》」を紹介《しょうかい》します。

一《ひと》つ目《め》の「無《む》」は，数字《すうじ》の「無《む》」である「ゼロ」です。かつてゼロの概念《がいねん》は，多《おお》くの数学者《すうがくしゃ》を悩《なや》ませました。この特殊《とくしゅ》な数《かず》が発見《はっけん》されなければ，今日《こんにち》までの科学《かがく》の発展《はってん》はなかったでしょう。

二《ふた》つ目《め》の「無《む》」は，空間《くうかん》の「無《む》」である「真空《しんくう》」です。現代《げんだい》の物理学《ぶつりがく》によると，無《む》の空間《くうかん》では，まるで沸騰《ふっとう》するお湯《ゆ》の中《なか》に出《で》てくる泡《あわ》のように，さまざまな粒子《りゅうし》がわきたってくるのだといいます。あらゆる物質《ぶっしつ》を確《たし》かにいったんは取《と》りのぞいたはずなのに……です。

現代《げんだい》の物理学《ぶつりがく》にとって，重要《じゅうよう》な要素《ようそ》

三《みっ》つ目《め》の「無《む》」は，時空《じくう》の「無《む》」です。時空《じくう》とは，時間《じかん》と空間《くうかん》をあわせて指《さ》す言葉《ことば》です。アメリカの理論物理学者《りろんぶつりがくしゃ》の提唱《ていしょう》した説《せつ》によると，私《わたし》たちの宇宙《うちゅう》は，時間《じかん》も空間《くうかん》もない「無《む》」から誕生《たんじょう》したのだといいます。

このように「無《む》」は，現代《げんだい》の物理学《ぶつりがく》にとって，重要《じゅうよう》な要素《ようそ》となっています。「無《む》」を知《し》れば，世界《せかい》の本当《ほんとう》の姿《すがた》が見《み》えてくるのです。

2 三《みっ》つの「無《む》」

本書《ほんしょ》で紹介《しょうかい》する「無《む》」は，数字《すうじ》の「無《む》」，空間《くうかん》の「無《む》」，
そして時空《じくう》の「無《む》」の三《みっ》つです。

数字《すうじ》の「無《む》」

数字《すうじ》の「無《む》」である「ゼロ」は，特殊《とくしゅ》な
経歴《けいれき》をもつ数《かず》です。

空間《くうかん》の「無《む》」

空間《くうかん》の「無《む》」である「真空《しんくう》」では，無数《むすう》の粒子《りゅうし》が
新《あら》たに誕生《たんじょう》しては消《き》えています。

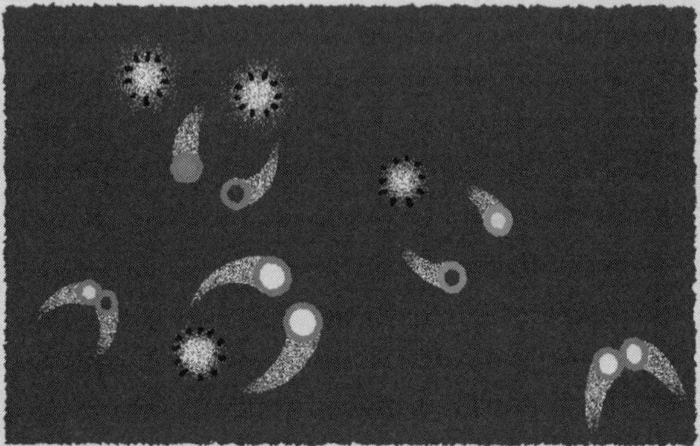

時空《じくう》の「無《む》」

宇宙《うちゅう》を誕生《たんじょう》させたのは，時間《じかん》も空間《くうかん》もない「無《む》」だといわれています。

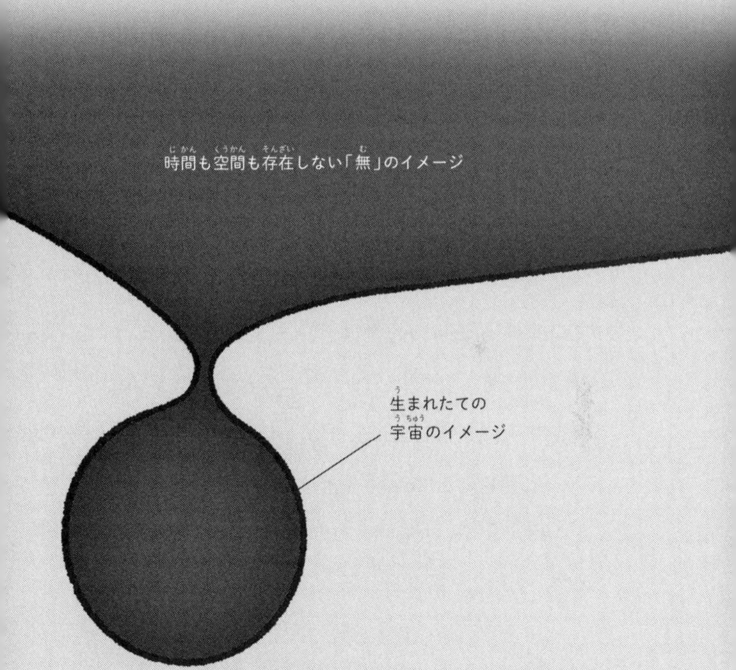

漢字《かんじ》の「無《む》」の由来《ゆらい》

漢字《かんじ》の成《な》り立《た》ちを調《しら》べると，古来《こらい》の人々《ひとびと》の生活《せいかつ》や物《もの》の形《かたち》が見《み》えてきます。では，漢字《かんじ》の「無《む》」には，どんな由来《ゆらい》があるのでしょうか？

漢字《かんじ》の「無《む》」は，もともと「ない」という意味《いみ》ではなく「まう」という意味《いみ》の漢字《かんじ》でした。無《む》の形《かたち》は，袖《そで》に飾《かざ》りをつけて雨乞《あまご》いの舞《まい》を踊《おど》る姿《すがた》をあらわしています。漢字《かんじ》の起源《きげん》は，物《もの》を形《かたち》にあらわした象《しょう》形文字《けいもじ》です。ですから，「ない」という見《み》えないものを文字《もじ》にすることはむずかしいことでした。そういうときは，別《べつ》な漢字《かんじ》を借《か》りて意味《いみ》をあらわします。そのため，「ない」という意味《いみ》をあらわす漢字《かんじ》には，「無《む》」が用《もち》いられるようになりました。

一方《いっぽう》，「まう」という意味《いみ》で使《つか》う漢字《かんじ》は，「無《む》」が「ない」の意味《いみ》で使《つか》われるようになったため，新《あら》たにつくらなくてはなりませんでした。そこで，踊《おど》るときの足《あし》の形《かたち》である舛《せん》をつけて，「舞《まい》」という漢字《かんじ》が生《う》まれたのです。

memo

第《だい》1章《しょう》

数字《すうじ》の「無《ゼロ》」の誕生《たんじょう》

数字《すうじ》の「無《む》」は，「ゼロ」です。0という数《すう》字《じ》が発明《はつめい》され，使《つか》われるようになるまでには，長《なが》い歴史《れきし》がありました。第《だい》1章《しょう》ではどうやって0の考《かんが》え方《かた》が生《う》まれ，広《ひろ》まっていったのかをみてみましょう。

1 ゼロは長《なが》らく，数《かず》とみなされなかった

ゼロは，不思議《ふしぎ》な存在《そんざい》だった

ゼロは，数《かず》でしょうか？　昔《むかし》の人々《ひとびと》，とくにヨーロッパの人々《ひとびと》はこのことについてかなり悩《なや》んだようです。

数《かず》というのはそもそも，物《もの》の「個数《こすう》」を数《かぞ》えるために生《う》まれたものだと考《かんが》えられます。しかし，「0個《こ》のりんご」とはいいません。そう考《かんが》えると，1から9までのほかの数《かず》とくらべて，ゼロは確《たし》かに不思議《ふしぎ》な存在《そんざい》に思《おも》えてきます。

数《かず》と個数《こすう》を同一視《どういつし》してしまった

実際《じっさい》，ゼロは長《なが》い間《あいだ》，「数《かず》」とはみなされませんでした。ここでいう「数《かず》」とは，「個数《こすう》」という考《かんが》え方《かた》にしばられない概念《がいねん》で，足《た》し算《ざん》や掛算《かけざん》と

1 人々《ひとびと》を悩《なや》ませた「ゼロ」

現代《げんだい》ではごく普通《ふつう》にあつかわれている「0」も，昔《むかし》の人々《ひとびと》にとっては不思議《ふしぎ》な存在《そんざい》でした。数《かず》を個数《こすう》ととらえると，「0個《こ》は意味《いみ》がないから0は数《かず》ではない」という考《かんが》えにおちいってしまうからです。

いった演算《えんざん》の対象《たいしょう》になるものを指《さ》します。「個《こ》数《すう》」にしばられると，「0個《こ》なんて意味《いみ》がないから0は数《かず》ではない」という考《かんが》え方《かた》におちいってしまいます。

たとえば英語《えいご》の「number《ナンバー》」は，数《かず》と個数《こすう》の両《りょう》方《ほう》の意味《いみ》があります。人間《にんげん》はどうしても言葉《ことば》で考《かんが》えてしまうので，ヨーロッパでは数《かず》と個数《こすう》を同一視《どういつし》してしまったようです。これがゼロを数《かず》とみなさなかった一《ひと》つの原因《げんいん》でしょう。

2 ゼロは，数学《すうがく》の崩壊《ほうかい》をもたらす

「0から4を引《ひ》いても0だ」と考《かんが》えた

現在《げんざい》，私《わたし》たちはさまざまな場面《ばめん》でゼロを用《もち》いています。つり合《あ》いのゼロ，座標原点《ざひょうげんてん》としてのゼロ，そして基準値《きじゅんち》としてのゼロ，空位《くうい》のゼロ，数《かず》としてのゼロなどです。

かつてゼロという概念《がいねん》は，ヨーロッパの人々《ひとびと》を悩《なや》ませました。フランスの数学者《すうがくしゃ》のブレーズ・パスカル（1623～1662）でさえ，「0から4を引《ひ》いても0だ」と考《かんが》えたといいます。0は何《なに》もない「無《む》」だから，何《なに》も引《ひ》けないというわけです。

0の割《わ》り算《ざん》は，やってはいけない禁止事項《きんしじこう》

0の割《わ》り算《ざん》は，もっとあつかいづらいものです。たとえば，「1÷0＝」の答《こた》えをaとします。「1÷0＝a」の両辺《りょうへん》に0をかけると，「1＝a×0＝0」となり，「1が0と等《ひと》しい」という結果《けっか》になります。1をほかの数《かず》におきかえても結果《けっか》は同《おな》じなので，「すべての数《かず》は0に等《ひと》しい」ということになります。これは，明《あき》らかに矛盾《むじゅん》しています。

このように0は，数学《すうがく》の合理性《ごうりせい》を崩壊《ほうかい》させる力《ちから》を秘《ひ》めています。**このため現代数学《げんだいすうがく》では，0の割《わ》り算《ざん》はやってはいけない禁止事項《きんしじこう》とされています。**

2 さまざまな意味《いみ》をもつゼロ

イラストは，ゼロのさまざまな意味《いみ》をイメージ化《か》したものです。つり合《あ》いによるゼロ，座標軸《ざひょうじく》の原点《げんてん》としてのゼロ，基準《きじゅん》としてのゼロ，位《くらい》に数《かず》がないことをあらわすゼロ（空位《くうい》のゼロ），そして数《かず》としてのゼロです。

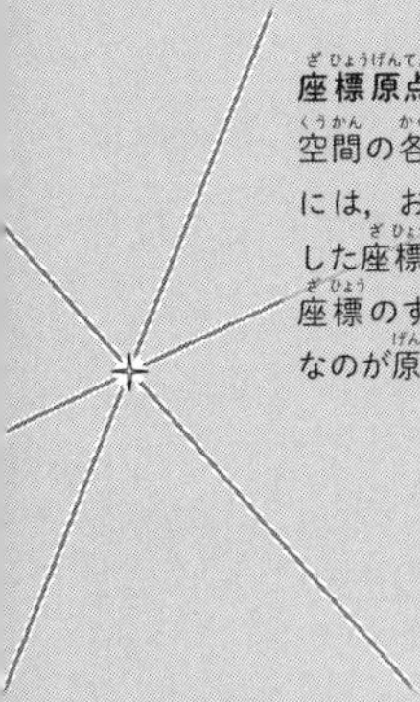

座標原点《ざひょうげんてん》としてのゼロ

空間《くうかん》の各点《かくてん》をあらわすのには，おもに3本《ぼん》の直交《ちょっこう》した座標軸《ざひょうじく》が使《つか》われます。座標《ざひょう》のすべての値《あたい》がゼロなのが原点《げんてん》です。

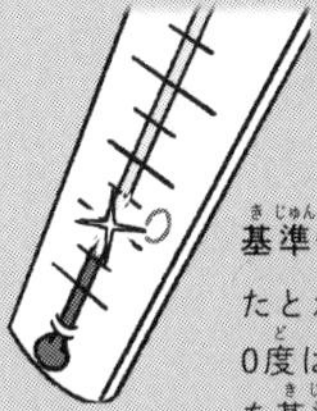

基準値《きじゅんち》としてのゼロ

たとえば温度計《おんどけい》の摂氏《せっし》0度《ど》は，水《みず》が凍《こお》る温度《おんど》を基準《きじゅん》にして定《さだ》められています。

空位《くうい》のゼロ

ソロバンでは，百《ひゃく》の位《くらい》や千《せん》の位《くらい》など，位《くらい》に数《かず》がないとき，玉《たま》を動《うご》かさないことでゼロをあらわします。

数《かず》としてのゼロ

足《た》し算《ざん》や掛《か》け算《ざん》の対象《たいしょう》になるゼロです。

つり合《あ》いのゼロ

地球《ちきゅう》軌道上《きどうじょう》で宇宙遊泳《うちゅうゆうえい》する宇宙《うちゅう》飛行士《ひこうし》は，地球《ちきゅう》からの重力《じゅうりょく》と，軌道上《きどうじょう》をまわっている遠心《えんしん》の「つり合《あ》いがゼロ」の状態《じょうたい》です。

博士《はかせ》！教《おし》えて!!

1÷0の答《こた》えは？

博士《はかせ》！　1÷0の答《こた》えは0なんじゃないですか？

どうかのう。まず，「a÷b＝c」とおいてみよう。それで，「a＝c×b」と変形《へんけい》できるのはわかるかの？

「a÷b＝c」と「a＝c×b」は，同《おな》じことなんですか。

そうじゃ。その式《しき》にbが0だというのを当《あ》てはめてみると「a＝c×0」となる。aが1のときは，「1＝c×0」という結果《けっか》になってしまうんじゃ。

「1＝c×0」？

そうじゃ。「1＝c×0」のcに入《はい》る数《かず》はないじゃろ？　だから現代数学《げんだいすうがく》では，0の割《わ》り算《ざん》はやってはいけない禁止事項《きんしじこう》とされているんじゃ。

へえ。1÷0は，禁止《きんし》なんですね。気《き》をつけよ。

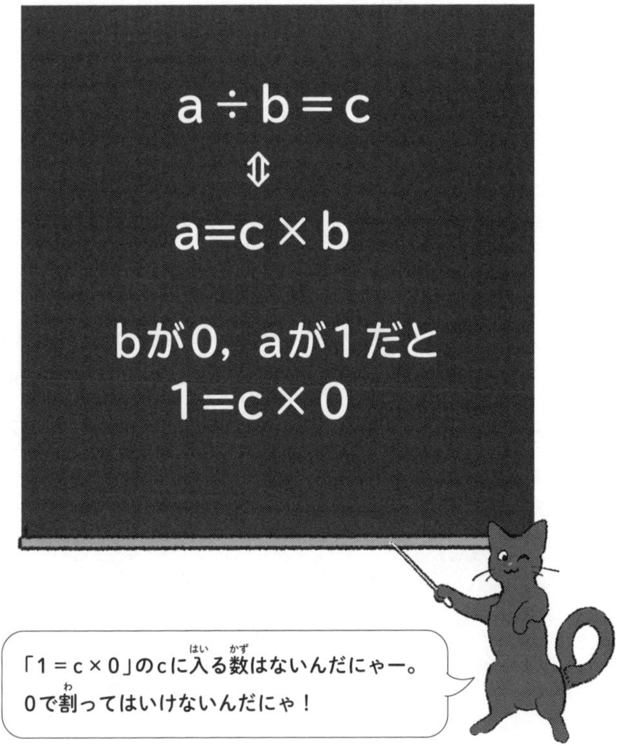

無洗米《むせんまい》の「無《む》」

「無洗米《むせんまい》」は，とぎ洗《あら》いをせずに炊《た》くことができる，便利《べんり》なお米《こめ》です。つまり無洗米《むせんまい》の「無《む》」は，洗《あら》う必要《ひつよう》がないという意味《いみ》です。ではなぜ，無洗米《むせんまい》はとぎ洗《あら》いをせずに炊《た》くことができるのでしょうか。

とぎ洗《あら》いをしてから炊《た》く一般的《いっぱんてき》なお米《こめ》は，「精白《せいはく》米《まい》」といいます。精白米《せいはくまい》は，イネの実《み》から籾殻《もみがら》と糠《ぬか》，胚芽《はいが》を取《と》り除《のぞ》いたお米《こめ》です。**精白米《せいはくまい》をとぎ洗《あら》いする理由《りゆう》は，粘着性《ねんちゃくせい》のある「肌糠《はだぬか》」とよばれる糠《ぬか》が，お米《こめ》の表面《ひょうめん》にまだ残《のこ》っているためです。無洗米《むせんまい》をとぎ洗《あら》いしなくてもいいのは，この肌糠《はだぬか》を，事前《じぜん》に取《と》り除《のぞ》いてあるからなのです。**

無洗米《むせんまい》のつくり方《かた》には，いくつかの方法《ほうほう》があります。**精白米《せいはくまい》を水《みず》で洗《あら》う方法《ほうほう》のほか，精白米《せいはくまい》をステンレス製《せい》の筒《つつ》の中《なか》でかきまぜる方法《ほうほう》や，精白米《せいはくまい》をブラ**

シや研磨剤《けんまざい》でみがく方法《ほうほう》などです。無洗米《むせんまい》は，つくり方《かた》によって特徴《とくちょう》がことなるようなので，食《た》べくらべてみるのも楽《たの》しいかもしれませんね。

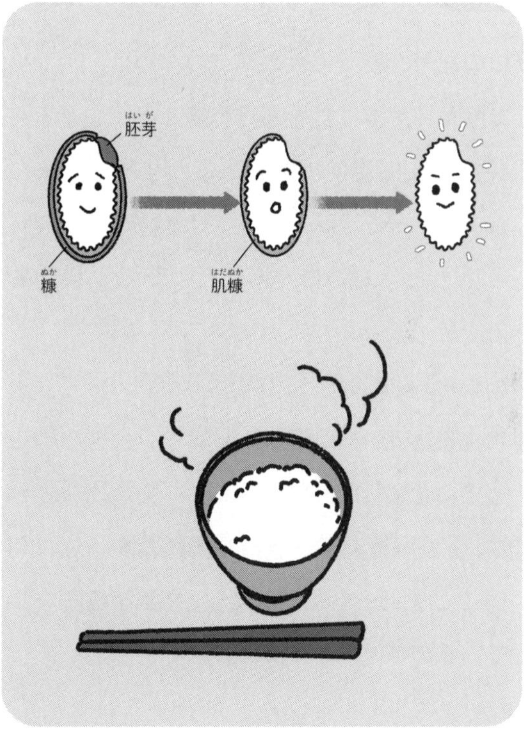

3 古代人《こだいじん》は，ゼロを単《たん》なる記号《きごう》として使《つか》った

位《くらい》に何《なに》もないことをあらわす「0」

ゼロの記号《きごう》を使《つか》う最大《さいだい》の利点《りてん》の一《ひと》つは，少《すく》ない記号《きごう》で簡単《かんたん》に大《おお》きな数《かず》をあらわすことができる点《てん》です。たとえば漢字《かんじ》で数《かず》をあらわす場合《ばあい》，一《いち》〜九《きゅう》に加《くわ》えて，十《じゅう》，百《ひゃく》，千《せん》，さらには万《まん》，億《おく》，兆《ちょう》，京《けい》…といったぐあいに，桁《けた》ごとに新《あたら》しい漢字《かんじ》を用《もち》います。

しかし0を使《つか》えば，10,000，100,000,000，…と新《あら》たな記号《きごう》を考《かんが》えださなくても，大《おお》きな数《かず》をあらわすことが可能《かのう》です。このような数《かず》の表現《ひょうげん》方法《ほうほう》は，「位取《くらいど》り記数法《きすうほう》」とよばれます。位《くらい》に何《なに》もないことをあらわす「0」が，重要《じゅうよう》な役割《やくわり》を果《は》たしているのです。

3 古代文明《こだいぶんめい》の数字《すうじ》

エジプトの数字《すうじ》にはゼロがなく，10は「足《あし》かせ」の記号《きごう》，100は「なわ（巻《ま》き尺《じゃく》）」の記号《きごう》であらわしていました。ギリシアの数字《すうじ》にはゼロがあったものの，10，20，30，…，100，200，…，などを，すべて別《べつ》の記号《きごう》であらわしていました。

※：紀元前後《きげんぜんご》に書《か》かれた天文《てんもん》パピルスの60進法《しんほう》位取《くらいど》り表記《ひょうき》で使用《しよう》。

マヤの絵文字《えもじ》のゼロ

「下《した》あごに手《て》をそえた横顔《よこがお》」が，マヤの絵文字《えもじ》のゼロです。

かつてゼロは，計算《けいさん》に使《つか》われることがなかった

ゼロを使《つか》った位《くらい》取《ど》り記数法《きすうほう》は，マヤ文明《ぶんめい》（紀元《きげん》6世紀《せいき》ごろ？）やメソポタミア文明《ぶんめい》（紀元前《きげんぜん》3世紀《せいき》以降《いこう》）でも使用《しよう》されていました。またマヤには，絵文字《えもじ》で数字《すうじ》をあらわす方法《ほうほう》もありました。

しかし古代文明《こだいぶんめい》では，計算《けいさん》にはソロバンなどの算盤《さんばん》や算木《さんぎ》（木片《もくへん》を並《なら》べて計算《けいさん》する道具《どうぐ》）が使《つか》われ，数字《すうじ》はおもに記録用《きろくよう》としてだけ用《もち》いられたようです。そのためゼロは計算《けいさん》に使《つか》われることがなく，“一人前《いちにんまえ》の数《かず》”に成長《せいちょう》できなかったのでしょう。

4 数《かず》としてのゼロが，インドで生《う》まれた

ゼロを数《かず》とみなす必要《ひつよう》が出《で》てきた

ゼロが一人前《いちにんまえ》の「数《かず》」とみなされたのは，インドが最初《さいしょ》であるという説《せつ》が有力《ゆうりょく》です。**ゼロを一《いち》人前《にんまえ》の数《かず》とみなすとは，足《た》す，引《ひ》く，掛《か》ける，割《わ》るなどの，演算《えんざん》の対象《たいしょう》としてゼロをみるということです。**

なぜ，インドで数《かず》としてのゼロが誕生《たんじょう》できたのでしょう。インドでは，位取《くらいど》り記号《きごう》としてのゼロが用《もち》いられたという下地《したじ》に加《くわ》え，筆算《ひっさん》がよく行《おこな》われたという背景《はいけい》があります。たとえば，筆《ひっ》算《さん》で「25＋10」をしようとすると，どうしても一《いち》の位《くらい》で「5＋0」を行《おこな》わなければなりません。そこで，ゼロを数《かず》とみなす必要《ひつよう》が出《で》てきたのではないかと考《かんが》えられています。

イスラム文化圏《ぶんかけん》をへてヨーロッパに伝《つた》わった

私《わたし》たちが現在《げんざい》，算用数字《さんようすうじ》として使《つか》っている「0～9」の数字《すうじ》を使《つか》った記数法《きすうほう》は，インドを起《き》源《げん》としています。算用数字《さんようすうじ》は，「アラビア数字《すうじ》」ともよばれます。これは，インドで生《う》まれた0を含《ふく》む記数法《きすうほう》が，アラビアのイスラム文化圏《ぶんかけん》をへて，さらにスペインやイタリアを経由《けいゆ》してヨーロッパ全域《ぜんいき》に普及《ふきゅう》したからです。

memo

4 インドの数字《すうじ》が伝《つた》わっていった

インドでは，位《くらい》に1～9の数字《すうじ》がないことをあらわす記号《きごう》としてのゼロに，黒丸《くろまる》の点《てん》「・」が使《つか》われていました。インドで生《う》まれた0を含《ふく》む記数法《きすうほう》は，アラビアのイスラム文化圏《ぶんかけん》をへて，ヨーロッパに普及《ふきゅう》しました。

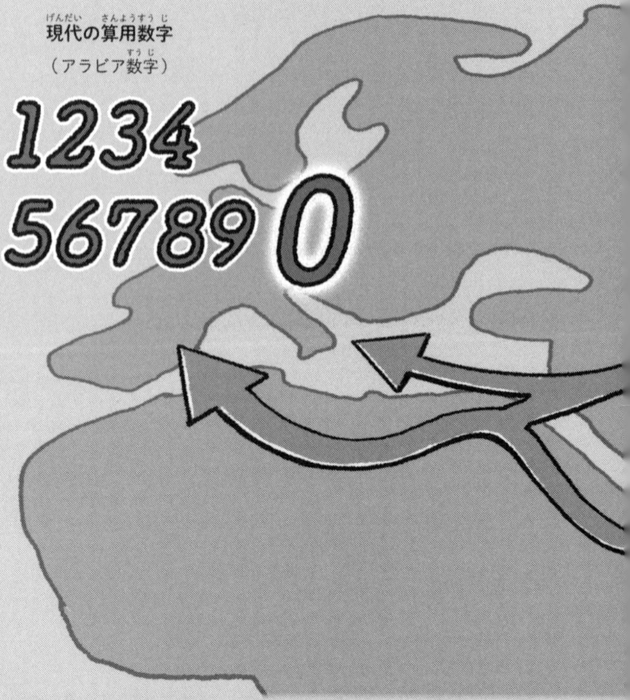

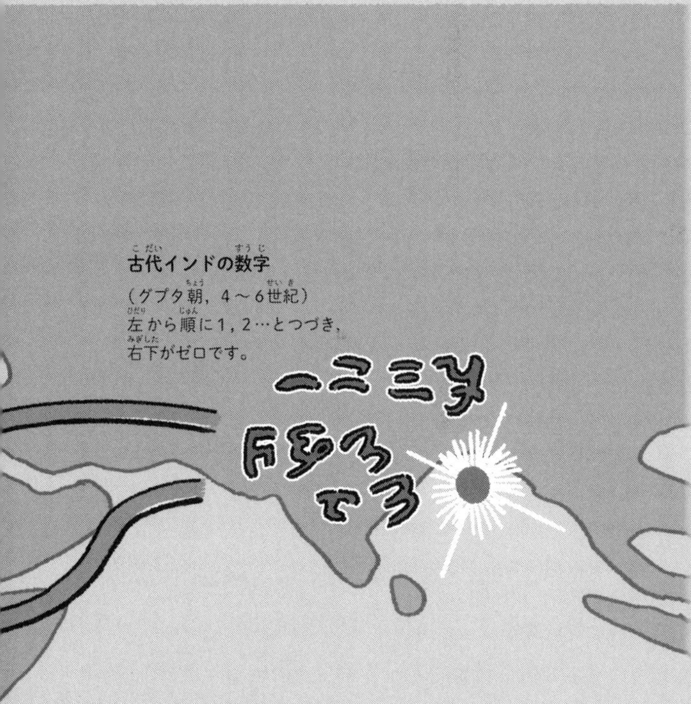
古代《こだい》インドの数字《すうじ》
（グプタ朝《ちょう》，4～6世紀《せいき》）
左《ひだり》から順《じゅん》に1，2…とつづき，
右下《みぎした》がゼロです。

ローマ数字《すうじ》は3999まで

時計《とけい》の文字盤《もじばん》などで見《み》かける「ローマ数字《すうじ》」。**実《じつ》はローマ数字《すうじ》には，ゼロがありません。**1を「Ⅰ」であらわすことからはじまり，2は「Ⅰ」が二《ふた》つで「Ⅱ」，3は「Ⅰ」が三《みっ》つで「Ⅲ」とつづきます。ローマ数字《すうじ》では，同《おな》じ数字《すうじ》は連続三《れんぞくみっ》つまでしか並《なら》ばない決《き》まりなので，4は，5（Ⅴ）から1（Ⅰ）を引《ひ》くという意味《いみ》で「Ⅳ」となります。大《おお》きな数《かず》は，右《みぎ》の表《ひょう》のように，100を「C」，500を「D」，1000を「M」とあらわします。たとえば，3002は「MMMⅡ」となります。

一見《いっけん》，不都合《ふつごう》はなさそうです。**しかしローマ数字《すうじ》には，1000までしか記号《きごう》がなく，5000以上《いじょう》の数《かず》をあらわす記号《きごう》がありません。**このため，ローマ数《すう》字《じ》であらわすことができる数《かず》の大《おお》きさには，限界《げんかい》があるのです。

　ローマ数字《すうじ》では，1000をあらわす「Ｍ」は，連続《れんぞく》して三《みっ》つまでしか使《つか》えません。したがってローマ数《すう》字《じ》であらわせる最大《さいだい》の数《かず》は，「MMMCMXCIX」の3999です。

1	2	3	4	5	6	7	8	9	10
I	II	III	IV	V	VI	VII	VIII	IX	X

1	5	10	50	100	500	1000
I	V	X	L	C	D	M

3002
||
MMMII

テニスの0点《てん》は，なぜラブ？

テニスや卓球《たっきゅう》の試合《しあい》では，スコアを読《よ》みあげるときに，0点《てん》を「ラブ」といいます。なぜ，0点《てん》のことを「ゼロ」ではなく，「ラブ」というのでしょうか。

これには，諸説《しょせつ》あるようです。**最《もっと》も有力《ゆうりょく》なのは，フランス語《ご》の卵説《たまごせつ》です。**0の形《かたち》が卵《たまご》に似《に》ているため，フランス語《ご》で卵《たまご》を意味《いみ》する「Oeuf」の発音《はつおん》「ロウフ」が，英語《えいご》で「ラブ」になったというものです。

一方《いっぽう》，英語《えいご》の「for love《フォーラブ》」説《せつ》もあります。好《す》きで，無料《むりょう》でを意味《いみ》する「for love《フォーラブ》」から，「love《ラブ》」が何《なに》もないことを意味《いみ》する「nothing《ナッシング》」と連想《れんそう》され，0点《てん》が「love《ラブ》」につながったというものです。そして「love《ラブ》」にからんだ説《せつ》が，もう一《ひと》つあります。**愛情《あいじょう》を意味《いみ》する英語《えいご》の「love《ラブ》」説《せつ》です。**0点《てん》の相手《あいて》に対《たい》して「ゼロ」というのではなく，愛情《あいじょう》をもってよびかけるために「love《ラブ》」が使《つか》われるようになったというものです。皆《みな》さんは，どの説《せつ》だと思《おも》いますか？

第《だい》2章《しょう》

自然界《しぜんかい》に登場《とうじょう》する「無《む》」の数《かず》

私《わたし》たちがふだん「ある」と思《おも》っている数値《すうち》がゼロになる世界《せかい》は，とても不思議《ふしぎ》です。第《だい》2章《しょう》では，温度《おんど》のゼロや，抵抗《ていこう》のゼロ，質量《しつりょう》のゼロなど，自然界《しぜんかい》のさまざまな数《すう》値《ち》がゼロになるとき，どんなことがおきるのかをみてみましょう。

1

温度《おんど》には，絶対《ぜったい》0度《ど》という下限《かげん》がある！

絶対的《ぜったいてき》な意味《いみ》をもった温度《おんど》

この章《しょう》では，自然界《しぜんかい》にあらわれるさまざまなゼロにせまっていきます。

まず，温度《おんど》のゼロについてみてみましょう。私《わたし》たちが日常的《にちじょうてき》に使《つか》う温度《おんど》は，「摂氏温度《せっしおんど》」(単《たん》位《い》℃）といいます。摂氏《せっし》0度《ど》は，人間《にんげん》になじみ深《ぶか》い「水《みず》」という物質《ぶっしつ》が凍《こお》る温度《おんど》という意味《いみ》しかありません。一方《いっぽう》，物理学《ぶつりがく》で使《つか》われる温度《おんど》に「絶対《ぜったい》温度《おんど》」(単位《たんい》K）というものがあります。**この絶対《ぜったい》温度《おんど》の0度《ど》（絶対《ぜったい》0度《ど》）は，摂氏《せっし》マイナス273.15度《ど》に相当《そうとう》し，温度《おんど》の下限《かげん》です。つまり，それよりも低《ひく》い温度《おんど》は存在《そんざい》しません。**絶対《ぜったい》0度《ど》は，文字通《もじどお》り，絶対的《ぜったいてき》な意味《いみ》をもった温度《おんど》なのです。

1 温度《おんど》と気体《きたい》の体積《たいせき》

気体《きたい》の体積《たいせき》は，圧力《あつりょく》を一定《いってい》に保《たも》ちながら温度《おんど》を下《さ》げていくと，減少《げんしょう》していきます。原理的《げんりてき》には，摂氏《せっし》マイナス273.15度《ど》で気《き》体《たい》の体積《たいせき》はほぼ「ゼロ」になり，原子《げんし》の運動《うんどう》もほぼ止《と》まります。これが絶対《ぜったい》0度《ど》です。

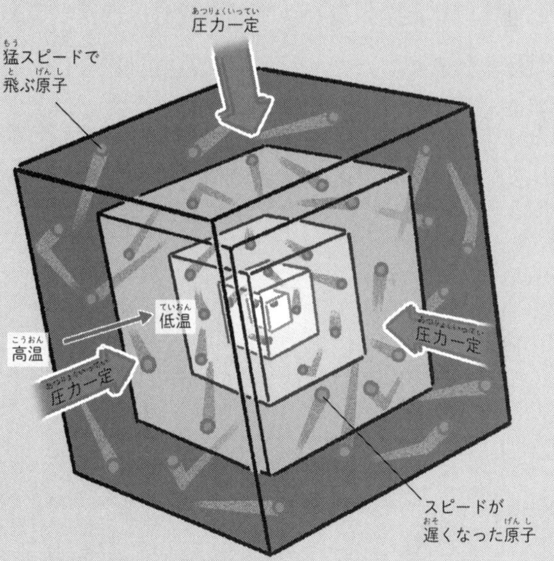

原子《げんし》の動《うご》きがほぼとまったときが，絶対《ぜったい》0度《ど》

温度《おんど》とは，ミクロの世界《せかい》では，原子《げんし》（または分《ぶん》子《し》）の運動《うんどう》のはげしさのことです。つまり，低温《ていおん》になるほど原子《げんし》の運動《うんどう》はおとなしくなります。**そして絶対《ぜったい》0度《ど》になると，原子《げんし》の運動《うんどう》はほぼとまってしまいます。**ただし，原子《げんし》の運動《うんどう》は完全《かんぜん》にとまることはなく，「ゼロ点振動《てんしんどう》」とよばれる振動《しんどう》をしていると考《かんが》えられています。

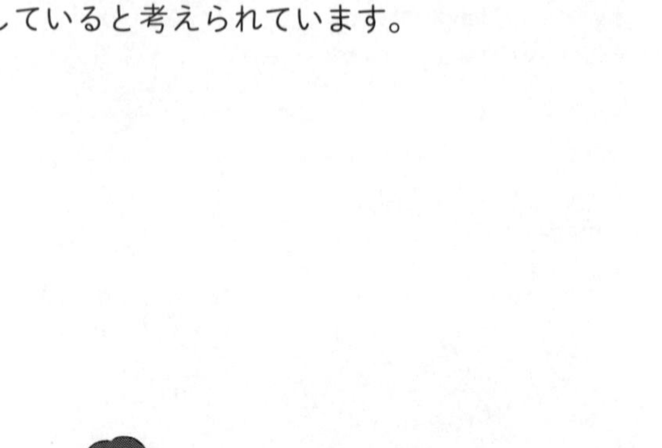

2 リニアモーターカーは，電気抵抗《でんきていこう》ゼロの超電導《ちょうでんどう》で走《はし》る

絶対温度《ぜったいおんど》4.2度《ど》で，水銀《すいぎん》の電気抵抗《でんきていこう》がゼロになる

絶対《ぜったい》0度《ど》近《ちか》くの極低温《きょくていおん》では，非常《ひじょう》に不思議《ふしぎ》なことがおきます。

オランダの物理学者《ぶつりがくしゃ》のカマリン・オンネス（1853～1926）は1908年《ねん》，もっとも液化《えきか》しにくい元素《げんそ》であるヘリウム（He）の液化《えきか》（絶対温度《ぜったいおんど》4.2度《ど》）に成功《せいこう》しました。さらに液体《えきたい》ヘリウムを使《つか》って水銀《すいぎん》（Hg）を冷《ひ》やし，電気抵抗《でんきていこう》を調《しら》べました。**すると絶対温度《ぜったいおんど》4.2度《ど》付近《ふきん》で，水銀《すいぎん》の電気抵《でんきてい》抗《こう》が突然《とつぜん》ゼロになったのです。**

電圧《でんあつ》をかけなくても，
電流《でんりゅう》が永久《えいきゅう》に流《なが》れつづける

　電気抵抗《でんきていこう》がゼロとは，電圧《でんあつ》をかけなくても電《でん》流《りゅう》が永久《えいきゅう》に流《なが》れつづけるという，非常《ひじょう》に奇妙《きみょう》な状態《じょうたい》です。これは「超電導《ちょうでんどう》（超伝導《ちょうでんどう》）現象《げんしょう》」とよばれ，さまざまな応用《おうよう》が考《かんが》えられています。

　たとえば超電導物質《ちょうでんどうぶっしつ》を導線《どうせん》にしてコイルをつくれば，非常《ひじょう》に強力《きょうりょく》な電磁石《でんじしゃく》ができます。超電《ちょうでん》導磁石《どうじしゃく》は，人体《じんたい》の輪切《わぎ》り画像《がぞう》が撮影《さつえい》できる「MRI（核磁気共鳴撮影《かくじききょうめいさつえい》）装置《そうち》」や，リニアモーターカーの浮上用磁石《ふじょうようじしゃく》として実用化《じつようか》されています。

リニアモーターカーが浮上《ふじょう》するしくみは，「超電導磁石《ちょうでんどうじしゃく》」にゃ。右《みぎ》のイラストとは，別《べつ》のものにゃ。

2 超電導現象《ちょうでんどうげんしょう》

超電導体《ちょうでんどうたい》の上《うえ》に小《ち い》さな永久磁石《えいきゅうじしゃく》を置《お》くと，超電導体《ちょうでんどうたい》は永久磁《えいきゅうじ》石《しゃく》からの磁力線《じりょくせん》を排除《はいじょ》しようと，反対向《はんたいむ》きの磁力線《じりょくせん》をつくる方向《ほうこう》に環状《かんじょう》の電流《でんりゅう》を流《なが》します。超電導体《ちょうでんどうたい》は電気抵抗《でんきていこう》がゼロなので，電流《でんりゅう》は流《なが》れつづけます。このため，永久磁石《えいきゅうじしゃく》が宙《ちゅう》に浮《う》きます。

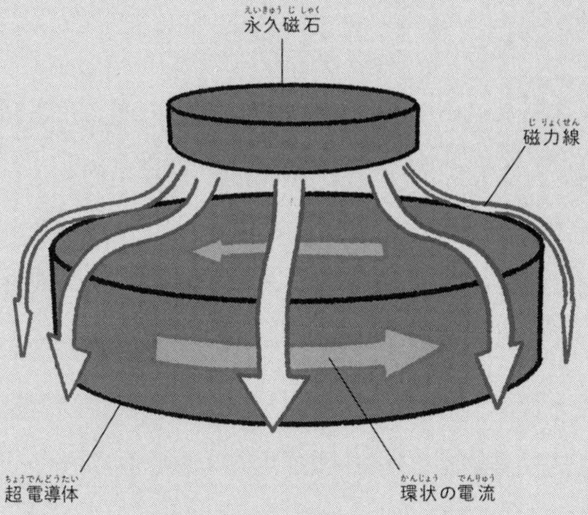

3 液体《えきたい》の粘《ねば》り気《け》がゼロになる！ ふしぎな超流動現象《ちょうりゅうどうげんしょう》

力《ちから》を加《くわ》えなくても，スルリと通《とお》り抜《ぬ》ける

今度《こんど》は，「抵抗《ていこう》ゼロ」がつくる，ふしぎな現象《げんしょう》をみてみましょう。

どんな液体《えきたい》でも，多少《たしょう》の粘《ねば》り気《け》（粘性《ねんせい》）があります。水《みず》も例外《れいがい》ではありません。先端《せんたん》が細《ほそ》くなった注射器《ちゅうしゃき》を押《お》すのに，ある程度《ていど》の力《ちから》が必要《ひつよう》なのは，粘性《ねんせい》による抵抗《ていこう》のせいです。しかし液体《えきたい》ヘリウムを絶対温度《ぜったいおんど》2.2度《ど》以下《いか》まで冷《ひ》やすと，どんな細《ほそ》い管《くだ》でも，何《なん》の力《ちから》を加《くわ》えなくてもスルリと通《とお》り抜《ぬ》けるようになります。これは，「超流動現《ちょうりゅうどうげん》象《しょう》」とよばれています。超流動《ちょうりゅうどう》ヘリウムは粘性《ねんせい》がなく，抵抗《ていこう》がゼロなのです。

また，超流動《ちょうりゅうどう》ヘリウムは，フィルターのように障害物《しょうがいぶつ》でみたされたものでも，なんなくすり

3 超流動《ちょうりゅうどう》ヘリウム

注射器《ちゅうしゃき》の針《はり》のような細《ほそ》い管《くだ》に水《みず》を通《とお》すには，ある程度《ていど》の力《ちから》（圧力《あつりょく》）が必要《ひつよう》です。これは水《みず》の粘性《ねんせい》によって，管《くだ》の内壁《ないへき》から抵抗《ていこう》を受《う》けることが原因《げんいん》です。しかし超流動《ちょうりゅうどう》ヘリウムの場合《ばあい》，圧力《あつりょく》なしでも非常《ひじょう》に細《ほそ》い管《くだ》をなんなく通《とお》り抜《ぬ》けます。これは，超流《ちょうりゅう》動《どう》ヘリウムが，管《くだ》の内壁《ないへき》から抵抗《ていこう》を受《う》けないからです。

細《ほそ》い管《くだ》をなんなく通《とお》る超流動《ちょうりゅうどう》ヘリウム

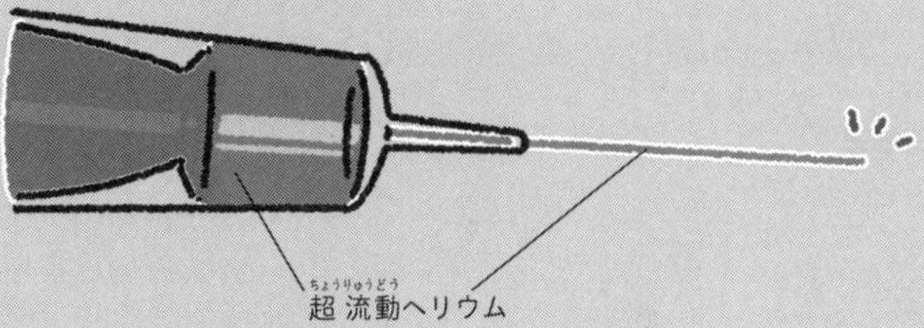

抜《ぬ》けてしまいます。

多数《たすう》の原子《げんし》が，手《て》をつないでいる

通常《つうじょう》の液体《えきたい》の場合《ばあい》，個々《ここ》の原子《げんし》は自由《じゆう》に動《うご》けるので，原子《げんし》は壁《かべ》にぶつかってしまいます。これが抵抗《ていこう》です。しかし超流動《ちょうりゅうどう》ヘリウムの場合《ばあい》，原《げん》子《し》たちは単独行動《たんどくこうどう》がとれません。**多数《たすう》の原子《げんし》がいわば手《て》をつないでいるような状態《じょうたい》ですから，障《しょう》害物《がいぶつ》があっても流《なが》れは乱《みだ》れず，抵抗《ていこう》がゼロになるのです。**

4 質量《しつりょう》ゼロの光《ひかり》の粒子《りゅうし》は，重力《じゅうりょく》の影響《えいきょう》を受《う》ける

光《ひかり》は，「波《なみ》」と「粒子《りゅうし》」の性質《せいしつ》をあわせもつ

今度《こんど》は，「質量《しつりょう》ゼロ」の粒子《りゅうし》についてみていきましょう。光《ひかり》は，「波《なみ》」の性質《せいしつ》をもつとともに，一《ひと》つ二《ふた》つと数《かぞ》えられる「粒子《りゅうし》」の性質《せいしつ》もあわせもちます。**この光《ひかり》の粒子《りゅうし》は「光子《こうし》」とよばれ，質量《しつりょう》はゼロです。**質量《しつりょう》ゼロの光子《こうし》は，重力《じゅうりょく》の影響《えいきょう》を受《う》けるでしょうか。

光子《こうし》は，時空《じくう》のゆがみに引《ひ》きずられる

光子《こうし》が重力《じゅうりょく》から受《う》ける影響《えいきょう》について正確《せいかく》な予《よ》言《げん》をしたのが，ドイツの物理学者《ぶつりがくしゃ》のアルバート・アインシュタイン（1879～1955）です。

アインシュタインが1915年《ねん》に発表《はっぴょう》した「一般《いっぱん》相対性理論《そうたいせいりろん》」は，光《ひかり》は重力《じゅうりょく》によって曲《ま》がると予《よ》言《げん》していました。そしてその曲《ま》がり方《かた》は，従来《じゅうらい》の理論《りろん》で計算《けいさん》した軌跡《きせき》よりも2倍大《ばいおお》きいというものでした。

一般相対性理論《いっぱんそうたいせいりろん》によると，重力《じゅうりょく》とは，質量《しつりょう》をもつもののまわりの時空《じくう》（時間《じかん》と空間《くうかん》）のゆがみだと考《かんが》えられています。光子《こうし》がゆがんだ空間《くうかん》を通過《つうか》すると，空間《くうかん》のゆがみに引《ひ》きずられる効果《こうか》がつけ加《くわ》えられ，2倍大《ばいおお》きく曲《ま》がると考《かんが》えられたのです。

そして1919年《ねん》の日食《にっしょく》の際《さい》に，太陽《たいよう》の背後《はいご》にある星《ほし》の光《ひかり》の曲《ま》がり方《かた》が観測《かんそく》され，アインシュタインの予言《よげん》が正《ただ》しいことが確認《かくにん》されました。

memo

4 予言通《よげんどお》りに曲《ま》がった光《ひかり》

1919年《ねん》，太陽《たいよう》の背後《はいご》にある星《ほし》からやってくる光《ひかり》が，太陽《たいよう》のごく近《ちか》くを通《とお》るようすが，日食《にっしょく》を利用《りよう》して観測《かんそく》されました。日食《にっしょく》によって太陽自身《たいようじしん》からの光《ひかり》がさえぎられ，背後《はいご》の星《ほし》からの光《ひかり》が観測《かんそく》できたのです。そしてその光《ひかり》の軌跡《きせき》は，アインシュタインの予言通《よげんどお》りの大《おお》きさで曲《ま》がっていました。

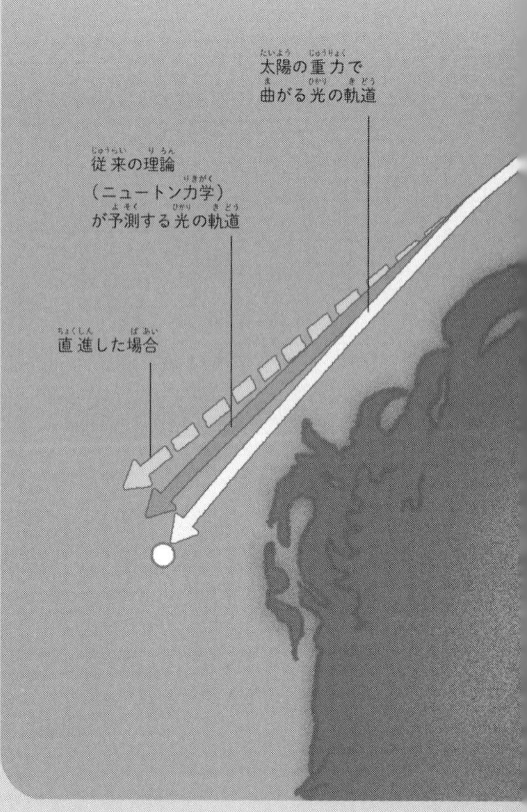

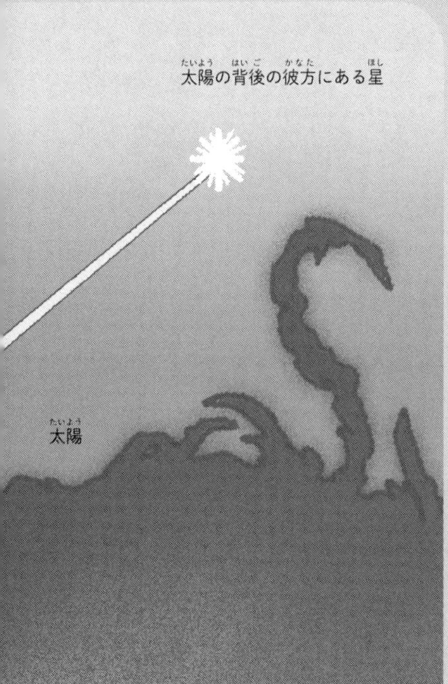
太陽《たいよう》の背後《はいご》の彼方《かなた》にある星《ほし》
太陽《たいよう》

糖類《とうるい》ゼロってどういうこと？

商品《しょうひん》ラベルに，「糖類《とうるい》ゼロ」と書《か》かれた食品《しょくひん》をよく見《み》かけます。糖類《とうるい》ゼロというのは，甘《あま》くない，カロリーがない，ということなのでしょうか。それから，「糖類《とうるい》」と「糖質《とうしつ》」は同《おな》じものでしょうか。

糖類《とうるい》は，右《みぎ》ページの表《ひょう》にあるように，「炭水化物《たんすいかぶつ》」という大《おお》きな枠《わく》の中《なか》の，さらに「糖質《とうしつ》」の中《なか》の一部《いちぶ》です。糖類《とうるい》とよばれているものは，果物《くだもの》や砂糖《さとう》に多《おお》く含《ふく》まれる単糖類《たんとうるい》や二糖類《にとうるい》などをさします。

糖類《とうるい》ゼロの表示《ひょうじ》があるからといって，糖類《とうるい》がまったく含《ふく》まれないわけではありません。表記《ひょうき》のしかたには基準《きじゅん》があり，100グラムあたり0.5グラム未満《みまん》の場合《ばあい》，「糖類《とうるい》ゼロ」「ノンシュガー」「無糖《むとう》」と表示《ひょうじ》できます。また，「糖類《とうるい》ゼロ」と書《か》かれていても，「糖質《とうしつ》」がゼロというわけではありません。

人工甘味料《じんこうかんみりょう》で甘味《あまみ》を加《くわ》えている食品《しょくひん》は，糖類《とうるい》はゼロであっても，糖質《とうしつ》に分類《ぶんるい》される「糖《とう》アルコール」などが含《ふく》まれているのです。

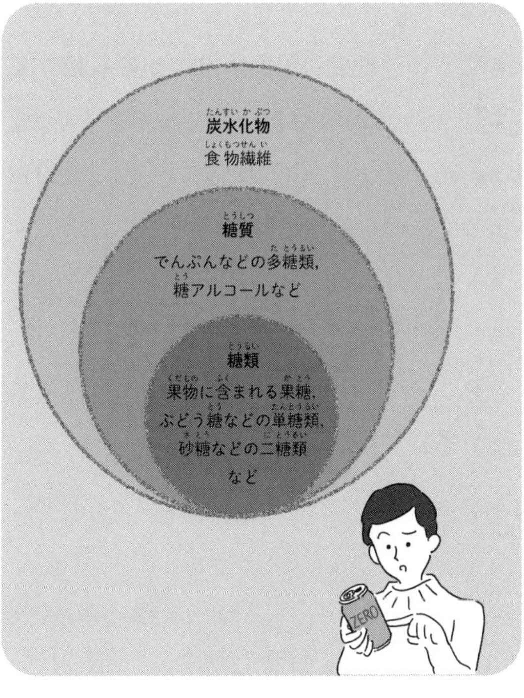

5 ブラックホールは，大《おお》きさゼロに向《む》かって縮《ちぢ》んでいる

ブラックホールの重力《じゅうりょく》は，何《なん》でも飲《の》みこんでしまう

　大《おお》きさゼロ，密度《みつど》無限大《むげんだい》に向《む》かって収縮《しゅうしゅく》する天体《てんたい》が，その周囲《しゅうい》の空間《くうかん》につくりだすものが，ブラックホールです。ブラックホールの重力《じゅうりょく》はすさまじく，近《ちか》くを通《とお》ったものは何《なん》でも飲《の》みこんでしまいます。いったん飲《の》みこまれたものは，光《ひかり》でさえも脱出《だっしゅつ》することができません。これも，アインシュタインの一般相対性理論《いっぱんそうたいせいりろん》から予言《よげん》されたことです。

宇宙《うちゅう》には，無数《むすう》のブラックホールが存在《そんざい》している

1970年《ねん》ごろ，アメリカのX線天文観測衛星《せんてんもんかんそくえいせい》「ウフル」は，実在《じつざい》の天体《てんたい》「はくちょう座《ざ》X-1」がブラックホールであるらしいことを示《しめ》しました。**ブラックホール自体《じたい》は光《ひかり》を出《だ》さないので，直接観測《ちょくせつかんそく》はできません。**しかし周囲《しゅうい》の天体《てんたい》の運動《うんどう》や，ガスが放出《ほうしゅつ》するX線《せん》の観測《かんそく》から，そこにある天体《てんたい》がブラックホールであるらしいことがわかってきたのです。

そして2019年《ねん》に，国際協力《こくさいきょうりょく》プロジェクトチームによって，「ブラックホールの影《かげ》」が撮影《さつえい》されました。ブラックホールの周囲《しゅうい》にあるガスがブラックホールに飲《の》みこまれる際《さい》，とてつもない高温《こうおん》になります。そのガスの輝《かがや》きで，ブラックホールの暗《くら》いシルエットが浮《う》かびあがります。この姿《すがた》の撮影《さつえい》に，成功《せいこう》したのです。

5 間接的《かんせつてき》に見《み》えるブラックホール

イラストは，ブラックホールの近《ちか》くに恒星《こうせい》が存在《そんざい》して，その表面《ひょうめん》のガスを吸《す》い込《こ》んでいるようすです。ガスはブラックホールのまわりで円盤《えんばん》を形成《けいせい》し，ジェットを噴出《ふんしゅつ》すると考《かんが》えられています。

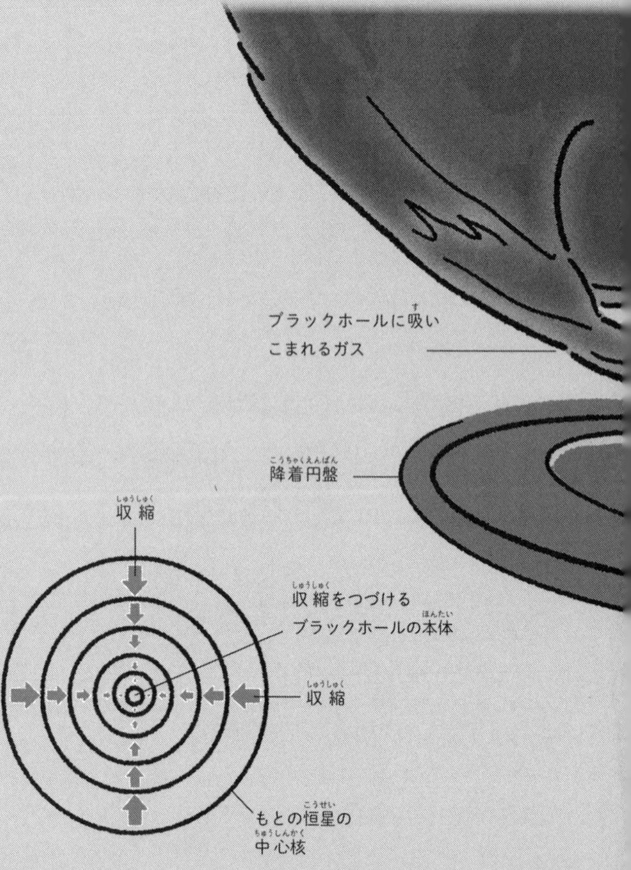

「ゼロ」に向《む》かって収縮《しゅうしゅく》する

ブラックホールの本体《ほんたい》は，大《おお》きさゼロに向《む》かって収縮《しゅうしゅく》していきます。しかし完全《かんぜん》にゼロになってしまうと，現在知《げんざいし》られている物理法則《ぶつりほうそく》は破《は》たんしてしまいます。そのため，10^{-33}センチメートルぐらいの大《おお》きさから先《さき》は，不明《ふめい》とされています。

6 ブラックホールの近《ちか》くでは，速度《そくど》がゼロに見《み》える

探査機《たんさき》は，速度《そくど》を落《お》としていくように見《み》える。

　ブラックホールの境界面《きょうかいめん》では，奇妙《きみょう》なことがおきます。落下《らっか》していくあらゆる物体《ぶったい》の速度《そくど》が，見《み》かけ上《じょう》「ゼロ」になるのです。

　たとえば，銀河中心《ぎんがちゅうしん》などにある超巨大《ちょうきょだい》ブラックホールに向《む》けて出発《しゅっぱつ》した探査機《たんさき》を，母船《ぼせん》から観察《かんさつ》したとしましょう。探査機《たんさき》が地球《ちきゅう》や太陽《たいよう》に向《む》かっていた場合《ばあい》，重力《じゅうりょく》の影響《えいきょう》で探査機《たんさき》の速度《そくど》はどんどん大《おお》きくなり，その星《ほし》に突《つ》っこんでしまいます。しかしブラックホールの場合《ばあい》，探査機《たんさき》はしだいに速度《そくど》を落《お》としていくように見《み》えます。**そして，探査機《たんさき》がブラックホールの境界面《きょうかいめん》のごく近《ちか》くまで到達《とうたつ》すると，探査機《たんさき》の速度《そくど》はゼロになってピタッと止《と》まって見《み》えてしまいます。**

巨大重力源《きょだいじゅうりょくげん》の近《ちか》くの時間《じかん》は，遅《おそ》く進《すす》む

これは一般相対性理論《いっぱんそうたいせいりろん》が予言《よげん》する，時間《じかん》の遅《おく》れの効果《こうか》のあらわれです。一般相対性理論《いっぱんそうたいせいりろん》によると，巨大重力源《きょだいじゅうりょくげん》の近《ちか》くの時間《じかん》は，はなれた重力《じゅうりょく》の弱《よわ》い場所《ばしょ》から見《み》ると，遅《おそ》く進《すす》みます。そしてブラックホールという超巨大重力源《ちょうきょだいじゅうりょくげん》の場合《ばあい》，その境界面《きょうかいめん》で時間《じかん》は完全《かんぜん》に止《と》まってしまい，そこにいる探査機《たんさき》は速度《そくど》ゼロに見《み》えるのです。

母船《ぼせん》からは，探査機《たんさき》は止《と》まって見《み》えるけど，探査機《たんさき》に乗《の》った人《ひと》にとっては時計《とけい》が普通《ふつう》に進《すす》んでいて，探査機《たんさき》はブラックホールの境界面《きょうかいめん》を通《とお》りすぎるにゃ。

6 速度《そくど》ゼロに向《む》かう探査機《たんさき》

母船《ぼせん》から見《み》ると，探査機《たんさき》は見《み》かけ上速度《じょうそくど》が「ゼロ」に近《ちか》づき，いつまでたってもブラックホールの境界面《きょうかいめん》に到達《とうたつ》できません。これは重力源《じゅうりょくげん》の近《ちか》くの時間《じかん》は，はなれた重力《じゅうりょく》の弱《よわ》い場所《ばしょ》から見《み》ると，遅《おそ》く進《すす》むためです。

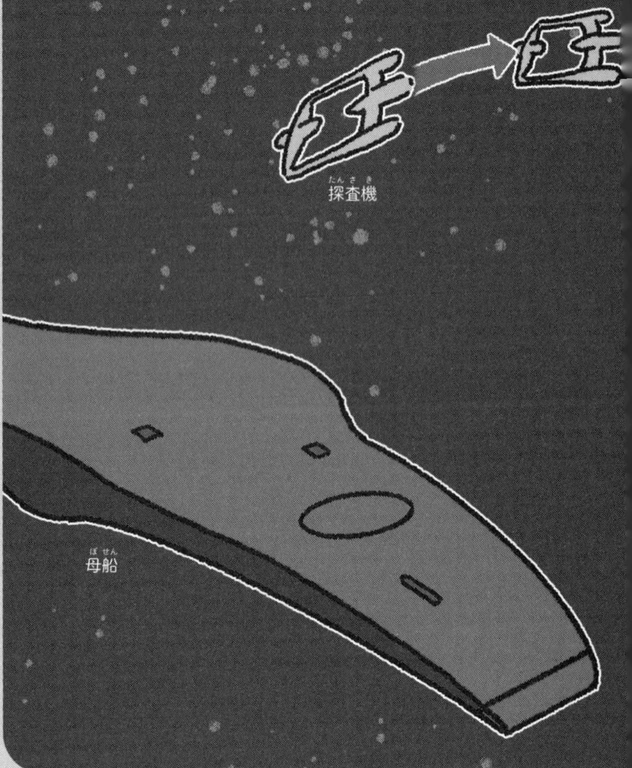

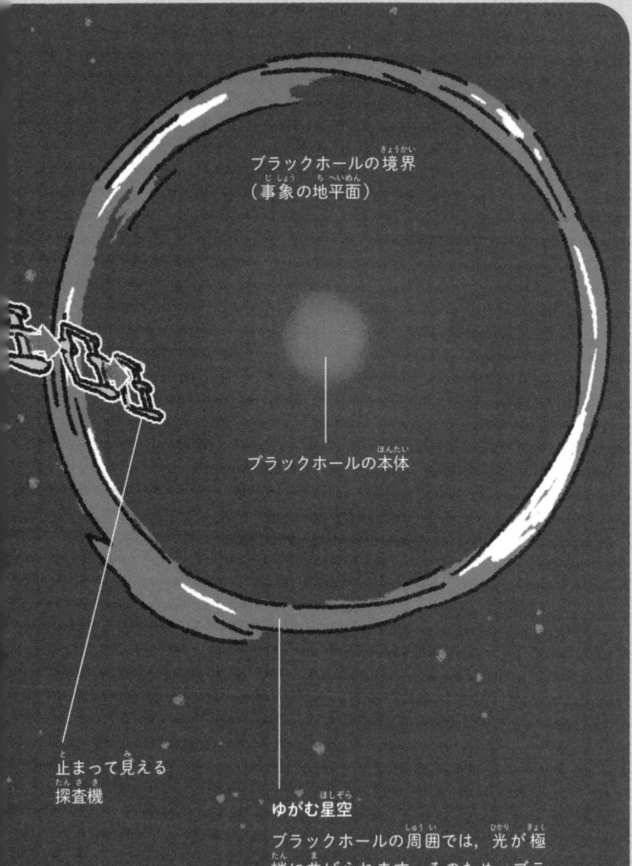
ブラックホールの境界《きょうかい》
（事象《じしょう》の地平面《ちへいめん》）
ブラックホールの本体《ほんたい》
止《と》まって見《み》える
探査機《たんさき》
ゆがむ星空《ほしぞら》
ブラックホールの周囲《しゅうい》では，光《ひかり》が極端《きょくたん》に曲《ま》げられます。そのため，ブラックホールの背後《はいご》の星空《ほしぞら》はゆがんで見《み》えます（重力《じゅうりょく》レンズ効果《こうか》）。

実在《じつざい》する!?
ホワイトホール

「ホワイトホール」とよばれる，理論上《りろんじょう》で議論《ぎろん》されている天体《てんたい》があります。**ホワイトホールとは，物質《ぶっしつ》や光《ひかり》をなんでも吐《は》きだしてしまうと考《かんが》えられている天体《てんたい》です。ブラックホールとホワイトホールは，おたがいをひっくり返《かえ》した関係《かんけい》だといわれています。**つまり，ブラックホールが何者《なにもの》もその内部《ないぶ》から脱出《だっしゅつ》できない天体《てんたい》であるのに対《たい》し，ホワイトホールは，何者《なにもの》もその内部《ないぶ》にとどまることができない天体《てんたい》だというのです。

ブラックホールも，かつては一般相対性理論《いっぱんそうたいせいりろん》から予言《よげん》され，その存在《そんざい》は理論上《りろんじょう》のものでした。しかしその後《ご》，観測《かんそく》によってブラックホールの存在《そんざい》がほぼ確実《かくじつ》なものになりました。**ですから，いまは机上《きじょう》の存在《そんざい》であるホワイトホールも，もしかすると実在《じつざい》するかもしれません。**

一見信《いっけんしん》じがたいと思《おも》われる予言《よげん》がいくつも実証《じっしょう》されてきた科学《かがく》の世界《せかい》。いつの日《ひ》か，物質《ぶっしつ》や光《ひかり》を吐《は》きだしつづける奇妙《きみょう》な天体《てんたい》が観測《かんそく》される日《ひ》が，くるかもしれません。

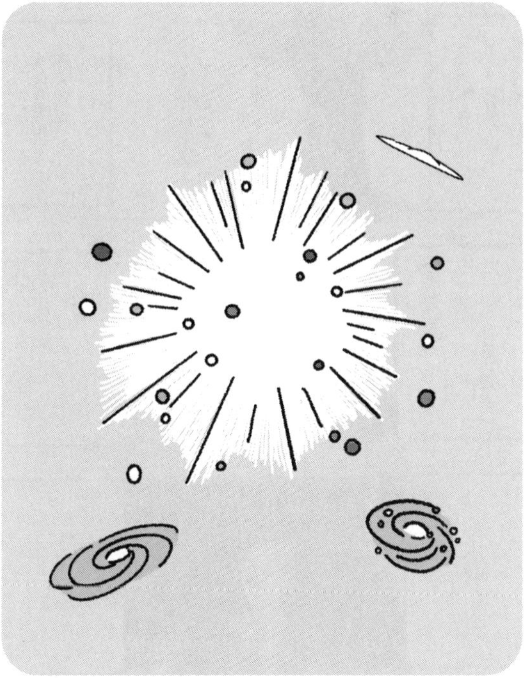

ブラックホールとオッペンハイマー

原子爆弾《げんしばくだん》の開発《かいはつ》

第《だい》3章《しょう》

空間《くうかん》の「無《む》」の発見《はっけん》

物質《ぶっしつ》が存在《そんざい》しない無《む》の空間《くうかん》が存在《そんざい》するのかについては，古代《こだい》ギリシア時代《じだい》から論争《ろんそう》がくり広《ひろ》げられてきました。無《む》の空間《くうかん》とは，真空《しんくう》のことです。第《だい》３章《しょう》では，真空《しんくう》がどんな世界《せかい》なのか，どんなところに真空《しんくう》があるのかをみていきましょう。

1 アリストテレスは，空《から》っぽの「真空《しんくう》」の存在《そんざい》を否定《ひてい》した

デモクリトスは，「空虚《くうきょ》」が必要《ひつよう》だと考《かんが》えた

今《いま》から約《やく》2400年《ねん》以上《いじょう》も前《まえ》の古代《こだい》ギリシアでは，無《む》の空間《くうかん》である「真空《しんくう》」をめぐって，はげしい論争《ろんそう》がくり広《ひろ》げられていました。

紀元前《きげんぜん》5世紀《せいき》ごろ，古代《こだい》ギリシアの哲学者《てつがくしゃ》の中《なか》で最初《さいしょ》に「無《む》」について深《ふか》く考察《こうさつ》したのは，パルメニデス（紀元前《きげんぜん》515ごろ〜紀元前《きげんぜん》445ごろ）だといわれています。パルメニデスは，「有《あ》らぬもの（非存在《ひそんざい》，無《む》）」はないと主張《しゅちょう》しました。一方《いっぽう》，「原子論《げんしろん》」の提唱者《ていしょうしゃ》デモクリトス（紀元前《きげんぜん》460ごろ〜紀元前《きげんぜん》370ごろ）とその師匠《ししょう》であるレウキッポス（紀元前《きげんぜん》470ごろ〜不詳《ふしょう》）は，真空《しんくう》の存在《そんざい》を認《みと》め，原子《げんし》が動《うご》きまわるための舞台《ぶたい》となる「空虚《くうきょ》（真空《しんくう》）」が必要《ひつよう》だと考《かんが》えました。

アリストテレスは，「空虚《くうきょ》」などないと考《かんが》えた

これに対《たい》して，古代《こだい》ギリシアの哲学者《てつがくしゃ》のアリストテレス（紀元前《きげんぜん》384〜紀元前《きげんぜん》322）は，あらゆる場所《ばしょ》が目《め》に見《み》えない物質《ぶっしつ》で満《み》たされていて，空虚《くうきょ》（真空《しんくう》）など存在《そんざい》しないと考《かんが》えました。**そして「自然《しぜん》は真空《しんくう》をきらう」といって，デモクリトスらの考《かんが》えを否定《ひてい》しました。アリストテレスの考《かんが》え方《かた》が支配的《しはいてき》になった時期《じき》もあったようですが，ルネサンスの頃《ころ》にはデモクリトス的発想《てきはっそう》も見直《みなお》され，その後《ご》の展開《てんかい》につながります。**

アリストテレスは，自然界《しぜんかい》の物質《ぶっしつ》が土《つち》，水《みず》，空気《くうき》，火《ひ》の「4大《だい》元素《げんそ》」からなると考《かんが》えたにゃ。地球《ちきゅう》は土《つち》からなり，そのまわりを海《うみ》という水《みず》の層《そう》と，空気《くうき》の層《そう》が囲《かこ》んでいる。空気《くうき》の層《そう》の外側《そとがわ》には火《ひ》の層《そう》があり，さらにその外側《そとがわ》には天体《てんたい》の世界《せかい》があるとしたんだにゃ。

1 空虚《くうきょ》の存在《そんざい》

デモクリトスは，物質《ぶっしつ》は「原子《げんし》」からできていて，原子《げんし》は空虚《くうきょ》の中《なか》を運動《うんどう》すると主張《しゅちょう》しました。一方《いっぽう》，アリストテレスは，万物《ばんぶつ》は，「火《ひ》」，「水《みず》」，「土《つち》」，「空気《くうき》」からなるとし，空虚《くうきょ》の存在《そんざい》を否定《ひてい》しました。

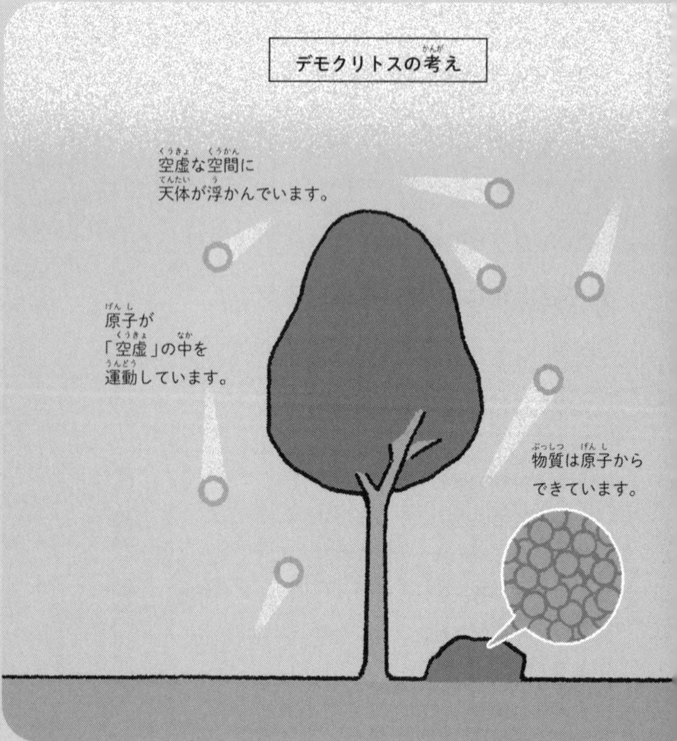

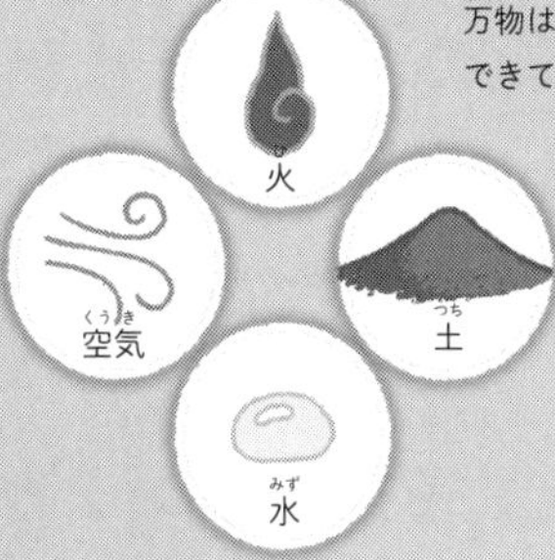

万物《ばんぶつ》は四《よっ》つの元素《げんそ》からできています。

アリストテレスの考《かんが》え

天界《てんかい》（宇宙《うちゅう》）もエーテルとよばれる第五《だいご》の元素《げんそ》で満《み》たされています。

物質《ぶっしつ》が空間《くうかん》を埋《う》めつくしています。

2 17世紀《せいき》のトリチェリが，真空《しんくう》をつくりだした

管《くだ》の中《なか》の空気《くうき》を抜《ぬ》くポンプが使《つか》われていた

17世紀《せいき》に入《はい》り，ついに真空《しんくう》の存在《そんざい》を実証《じっしょう》した人物《じんぶつ》があらわれました。イタリアの物理学者《ぶつりがくしゃ》のエヴァンジェリスタ・トリチェリ（1608～1647）です。当時《とうじ》，管《くだ》の中《なか》の空気《くうき》を抜《ぬ》くことで，井戸《いど》から水《みず》を吸《す》い上《あ》げるポンプが使《つか》われていました。**管《くだ》の中《なか》の空気《くうき》を抜《ぬ》くと，「自然《しぜん》は真空《しんくう》をきらう」ので，真空《しんくう》ができないように水《みず》が吸《す》い上《あ》げられるのだと考《かんが》えられていました。**一方《いっぽう》で，約《やく》10メートル以上《いじょう》の深《ふか》さからは，なぜか水《みず》を吸《す》い上《あ》げられないことも経験的《けいけんてき》に知《し》られていました。この謎《なぞ》を解《と》き明《あ》かしたのが，トリチェリです。

2 トリチェリの水銀柱実験《すいぎんちゅうじっけん》

片方《かたほう》が閉《と》じた長《なが》さ1メートルのガラス管《かん》を水銀《すいぎん》で満《み》たし，もう片方《かたほう》の開《ひら》いた端《はし》を容器《ようき》に入《い》れた水銀《すいぎん》につけたまま逆《さか》さまに立《た》てると，ガラス管《かん》の上部《じょうぶ》に空洞《くうどう》ができます。トリチェリの実験《じっけん》でつくられたこの空洞《くうどう》こそが，人類《じんるい》がはじめて目《め》に見《み》える形《かたち》でつくりだした真空《しんくう》だとされています。

大気《たいき》の重《おも》さで井戸《いど》の水面《すいめん》が押《お》される

トリチェリは，真空《しんくう》ができないように水《みず》が吸《す》い上《あ》げられるのではなく，大気《たいき》の重《おも》さで井戸《いど》の水面《すいめん》が押《お》されるため，管《くだ》の中《なか》の水《みず》が持《も》ち上《あ》げられるのだと考《かんが》えました。そして大気《たいき》が水面《すいめん》を押《お》す力《ちから》の大《おお》きさでは，水《みず》を約《やく》10メートルの高《たか》さにまでしか持《も》ち上《あ》げられないのだと考《かんが》えたのです。

1643年《ねん》，トリチェリは水《みず》の約《やく》14倍重《ばいおも》い水銀《すいぎん》を使《つか》って実験《じっけん》を行《おこな》い，自分《じぶん》の考《かんが》えが正《ただ》しいことを確《たし》かめました。そして実験《じっけん》によって，はじめて真《しん》空《くう》の存在《そんざい》も示《しめ》されました。

3 蛍光灯《けいこうとう》の中《なか》は，ほどよい真空《しんくう》に保《たも》たれている

蛍光灯《けいこうとう》は，水銀蒸気《すいぎんじょうき》から紫外線《しがいせん》を発生《はっせい》させている

身近《みぢか》な真空《しんくう》の例《れい》として，蛍光灯《けいこうとう》をみていきましょう。

蛍光灯《けいこうとう》の両端《りょうたん》には，陰極《いんきょく》と陽極《ようきょく》があります。その間《あいだ》には，何《なに》もないようにみえます。しかし蛍光灯《けいこうとう》の中《なか》には，水銀《すいぎん》の蒸気《じょうき》（気体《きたい》）がつまっています。水銀蒸気《すいぎんじょうき》の気圧《きあつ》は，10万分《まんぶん》の1気圧《きあつ》ほどです。**蛍光灯《けいこうとう》は，水銀蒸気《すいぎんじょうき》から紫外線《しがいせん》を発生《はっせい》させ，その紫外線《しがいせん》を蛍光灯《けいこうとう》の内壁《ないへき》に塗《ぬ》られた蛍光《けいこう》体《たい》に当《あ》てて可視光線《かしこうせん》に変《か》えて，輝《かがや》いています。**十分《じゅうぶん》な量《りょう》の紫外線《しがいせん》を発生《はっせい》させるには，水銀蒸気《すいぎんじょうき》の気圧《きあつ》が重要《じゅうよう》となります。

蛍光灯《けいこうとう》の中《なか》は，ほどよい真空《しんくう》

紫外線《しがいせん》を発生《はっせい》させるためには，陰極《いんきょく》から飛《と》びだしてきた電子《でんし》を，水銀《すいぎん》の原子《げんし》にぶつける必要《ひつよう》があります。

水銀蒸気《すいぎんじょうき》の気圧《きあつ》が低《ひく》いと，水銀原子《すいぎんげんし》の数《かず》が少《すく》ないため，発生《はっせい》する紫外線《しがいせん》の量《りょう》も少《すく》なくなります。これでは十分《じゅうぶん》には光《ひか》りません。逆《ぎゃく》に，水銀《すいぎん》が多《おお》すぎても電子《でんし》の邪魔《じゃま》になって紫外線《しがいせん》が出《で》ません。紫外線《しがいせん》を発生《はっせい》させるには，十分《じゅうぶん》に加速《かそく》させた電子《でんし》を水銀原子《すいぎんげんし》にぶつけなければならないからです。**蛍光灯《けいこうとう》の中《なか》は，ほどよい真空《しんくう》にする必要《ひつよう》があるのです。**

3 蛍光灯《けいこうとう》のしくみ

蛍光灯《けいこうとう》の陰極《いんきょく》に電流《でんりゅう》を流《なが》すと，電子《でんし》が飛《と》びだします。十分《じゅうぶん》に加速《かそく》された電子《でんし》が水銀原子《すいぎんげんし》と衝突《しょうとつ》すると，紫外線《しがいせん》が発生《はっせい》します。紫外線《しがいせん》は蛍光灯《けいこうとう》の壁面《へきめん》にぬられた蛍光体《けいこうたい》にぶつかって可視《かし》光線《こうせん》に変《か》わり，蛍光灯《けいこうとう》が輝《かがや》きます。

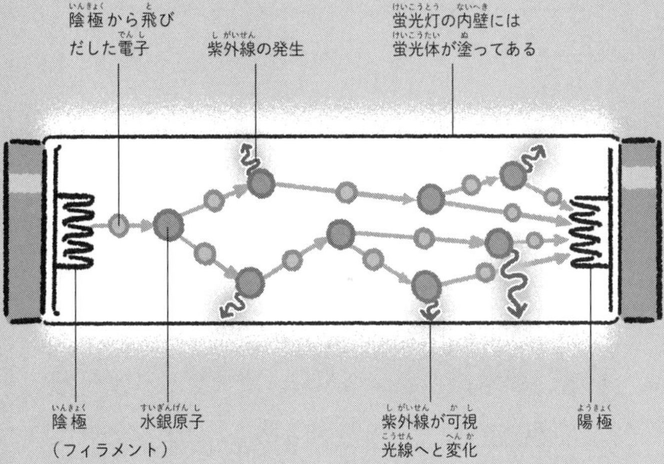

4 宇宙空間《うちゅうくうかん》は，本当《ほんとう》の真空《しんくう》ではない

宇宙空間《うちゅうくうかん》にも，ガスやちりがただよっている

人工的《じんこうてき》につくりだすことができる真空《しんくう》は，1000兆分《ちょうぶん》の1気圧程度《きあつていど》までです。これは，1立《りっ》方《ぽう》センチメートルの空間《くうかん》に，分子《ぶんし》が1万個程度《まんこていど》存《そん》在《ざい》している状態《じょうたい》です。

では宇宙空間《うちゅうくうかん》に，分子《ぶんし》や原子《げんし》がまったく存在《そんざい》しない場所《ばしょ》はあるのでしょうか。**実《じつ》は宇宙空間《うちゅうくうかん》にも，非常《ひじょう》にわずかながら，ガスやちりがただよっています。**星《ほし》が生《う》まれるのは，それらのガスが自《みずか》らの重力《じゅうりょく》によってたがいに引《ひ》き合《あ》い，圧縮《あっしゅく》されるためです。

自然界《しぜんかい》にも，完全《かんぜん》な真空《しんくう》は存在《そんざい》しないらしい

太陽《たいよう》から最《もっと》も近《ちか》い恒星《こうせい》は，約《やく》4光年《こうねん》はなれたケンタウルス座《ざ》α星《アルファせい》です。太陽《たいよう》とケンタウルス座《ざ》α星《アルファせい》の間《あいだ》の宇宙空間《うちゅうくうかん》には，1立方《りっぽう》センチメートルあたり1個《こ》の原子《げんし》（おもに水素原子《すいそげんし》，H）が存在《そんざい》していると考《かんが》えられています。

また，銀河系《ぎんがけい》の外《そと》，たとえば私《わたし》たちの銀河系《ぎんがけい》からとなりのアンドロメダ銀河《ぎんが》までは，約《やく》230万光年《まんこうねん》の距離《きょり》があります。そのような空間《くうかん》でも，実際《じっさい》には1立方《りっぽう》メートルあたり1個《こ》という，ごくわずかな数《かず》の原子《げんし》が存在《そんざい》しています。どうやら自然界《しぜんかい》にも，完全《かんぜん》な真空《しんくう》は存在《そんざい》しないようです。

4 宇宙《うちゅう》に完全《かんぜん》な真空《しんくう》はある？

恒星《こうせい》と恒星《こうせい》の間《あいだ》には，1立方《りっぽう》センチメートルあたり1個《こ》の原子《げんし》が存在《そんざい》すると考《かんが》えられています。銀河系《ぎんがけい》とアンドロメダ銀河《ぎんが》の間《あいだ》に，星《ほし》はほとんどありません。しかしこのような空間《くうかん》でも，1立方《りっぽう》メートルあたり1個《こ》の原子《げんし》が存在《そんざい》します。

星《ほし》と星《ほし》の間《あいだ》

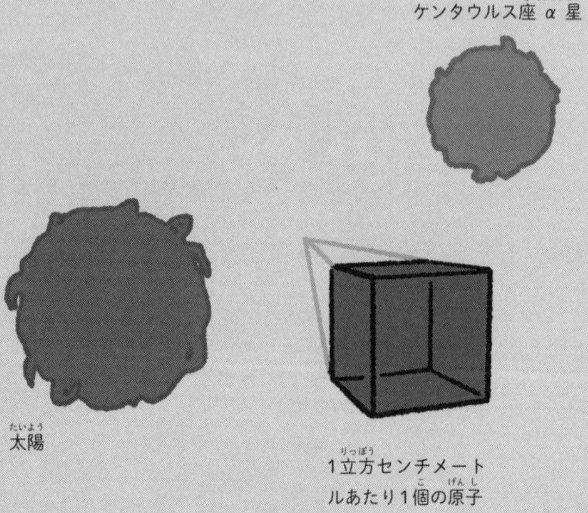

銀河《ぎんが》と銀河《ぎんが》の間《あいだ》

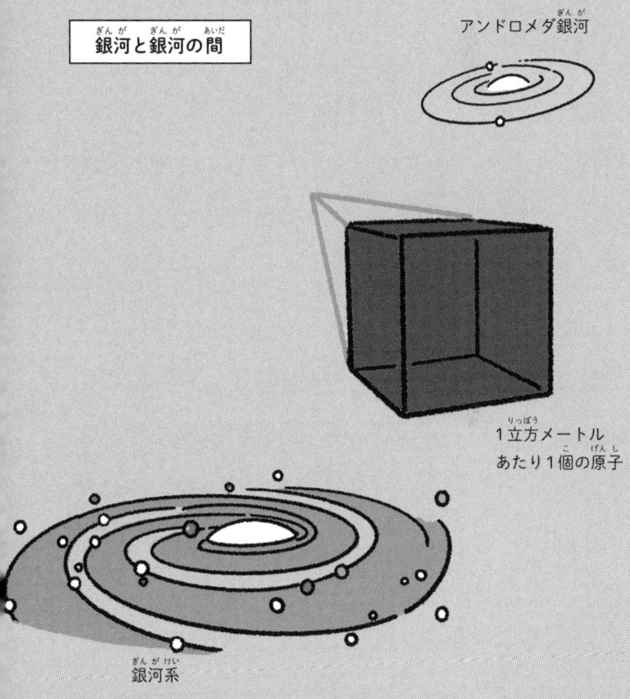

5 私《わたし》たちの目《め》の前《まえ》には，真空《しんくう》が存在《そんざい》している！

空気《くうき》は窒素《ちっそ》や酸素《さんそ》の分子《ぶんし》からできている

真空《しんくう》と聞《き》くと，私《わたし》たちの日常生活《にちじょうせいかつ》とはかけはなれたものだと感《かん》じるかもしれません。ところが「真空《しんくう》」は，実《じつ》は私《わたし》たちの身《み》のまわりにあふれています。

たとえば，部屋《へや》の中《なか》の空気《くうき》（1気圧《きあつ》，20℃）について考《かんが》えてみましょう。空気《くうき》は，おもに窒素《ちっそ》の分子《ぶんし》（N_2）や酸素《さんそ》の分子《ぶんし》（O_2）からできています。窒素《ちっそ》や酸素《さんそ》の分子《ぶんし》は非常《ひじょう》に小《ちい》さく，そのサイズは0.35ナノメートル（ナノは10億分《おくぶん》の1）ほどしかありません。そして，きわめて小《ちい》さなそれらの分子《ぶんし》は，1立方《りっぽう》センチメートルの空間《くうかん》に2.5×10^{19}個《こ》（2500兆個《ちょうこ》の1万倍《まんばい》）も存在《そんざい》しています。

5 分子《ぶんし》と分子《ぶんし》の間《あいだ》に広《ひろ》がる真空《しんくう》

部屋《へや》の空気《くうき》を分子《ぶんし》のレベルで見《み》ると，窒素分子《ちっそぶんし》や酸素分子《さんそぶんし》などが無数《むすう》に飛《と》びかっています。しかし，それらの分子《ぶんし》と分子《ぶんし》の間《あいだ》には，物《もの》は何《なに》もありません。つまり，そこは真空《しんくう》だといえます。

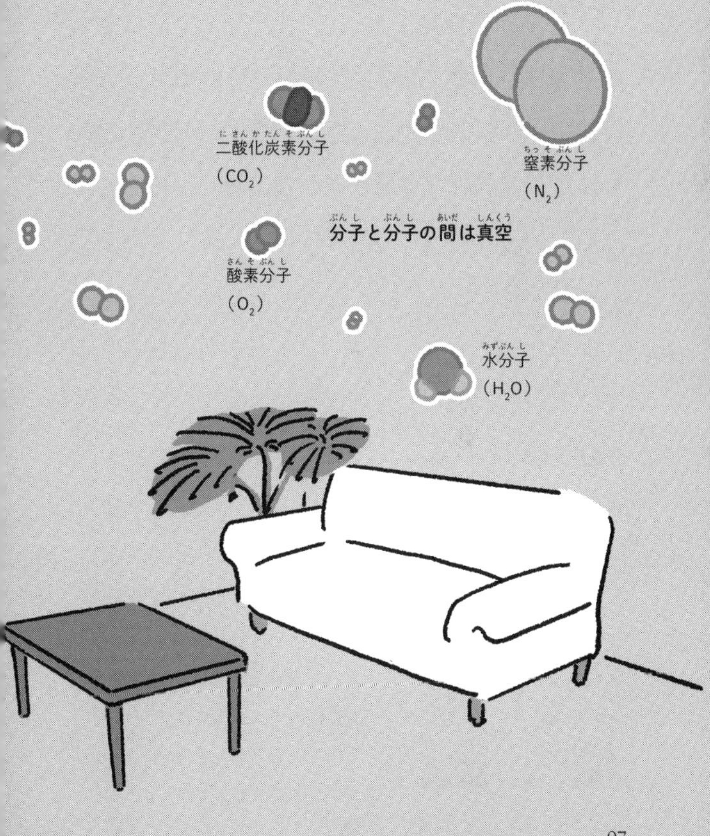

分子《ぶんし》と分子《ぶんし》の間《あいだ》の空間《くうかん》は真空《しんくう》

しかし，それほどの数《かず》が存在《そんざい》していても，分子《ぶんし》と分子《ぶんし》の間《あいだ》には空間《くうかん》があります。分子《ぶんし》と分子《ぶんし》の間《あいだ》の平均的《へいきんてき》な距離《きょり》は，数《すう》ナノメートルほどです。しかしその距離《きょり》は，分子《ぶんし》のサイズの10倍《ばい》ほどもあります。「物質《ぶっしつ》がない」という意味《いみ》では，分子《ぶんし》と分子《ぶんし》の間《あいだ》の空間《くうかん》は，真空《しんくう》だといえるのです。つまり，空気《くうき》は実《じつ》はすかすかで，真空《しんくう》とほとんど差《さ》がない，といっても過言《かごん》ではないのです。

6 私《わたし》たち自身《じしん》も，ほぼ真空《しんくう》だった

原子《げんし》の大部分《だいぶぶん》は，ある意味《いみ》で真空《しんくう》

　前《まえ》のページでみたように，空気中《くうきちゅう》を飛《と》びかう無数《むすう》の窒素分子《ちっそぶんし》や，酸素分子《さんそぶんし》の間《あいだ》の空間《くうかん》は，真《しん》空《くう》だといえます。さらに，その分子《ぶんし》を構成《こうせい》している原子《げんし》は，中央《ちゅうおう》の原子核《げんしかく》とその周囲《しゅうい》をとびまわる電子《でんし》からなり，原子核《げんしかく》と電子《でんし》の間《あいだ》は何《なに》もないので，やはり真空《しんくう》だといえます。

　水分子《みずぶんし》を構成《こうせい》している，水素原子《すいそげんし》の内部《ないぶ》をのぞいてみましょう。原子《げんし》の大《おお》きさは1000万分《まんぶん》の1ミリメートル（10^{-10}メートル）程度《ていど》で，101ページのイラストのように，中心《ちゅうしん》には原子核《げんしかく》があります。原子核《げんしかく》の大《おお》きさは，原子《げんし》の大《おお》きさの10万分《まんぶん》の1程度《ていど》で，原子核《げんしかく》の周囲《しゅうい》には電子《でんし》が飛《と》びまわっています。電子《でんし》の大《おお》きさは，わかっていません。しかし原子核《げんしかく》の大《おお》きさからすると，無視《むし》できるほど小《ちい》さなものです。このように考《かんが》えると，原子《げんし》の大部分《だいぶぶん》は，ある意味《いみ》で真空《しんくう》だといえるのです。

人体《じんたい》も，実《じつ》はほぼ真空《しんくう》

人体《じんたい》や身《み》のまわりのあらゆる物質《ぶっしつ》は，「原子《げんし》」でできています。ですから，あなたの体《からだ》も，実《じつ》はほぼ真空《しんくう》だといえるでしょう。ただし，こうした原子《げんし》の中《なか》の真空《しんくう》にも，物質以外《ぶっしついがい》のさまざまなものが満《み》ちています。それは，次《つぎ》の章《しょう》で見《み》ていきましょう。

6 原子《げんし》の中《なか》はスカスカ

原子《げんし》は，中央《ちゅうおう》にある「原子核《げんしかく》」と，その周囲《しゅうい》をとびまわる「電子《でんし》」からなります。原子核《げんしかく》を東京駅《とうきょうえき》に置《お》かれた1メートルの球《たま》だと考《かんが》えると，電子《でんし》は約《やく》100キロメートルも先《さき》の銚子《ちょうし》，宇都宮《うつのみや》あたりを飛《と》んでいることになります。

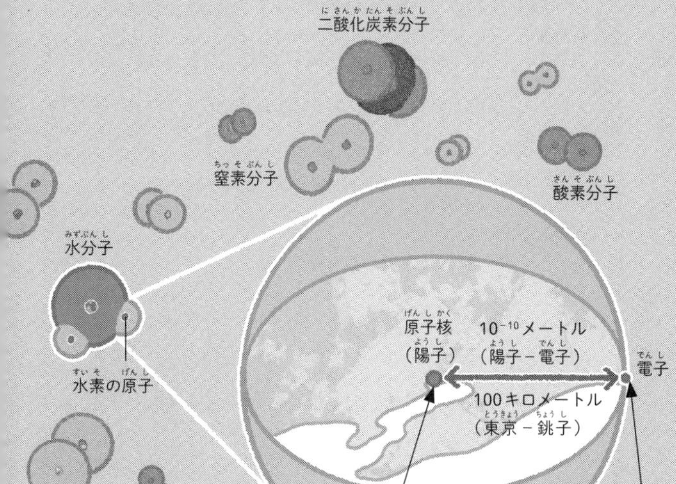

博士《はかせ》！教《おし》えて!!

真空《しんくう》はどこまで実現《じつげん》できる？

博士《はかせ》！　この手動《しゅどう》ポンプを使《つか》ったら，人工的《じんこうてき》に真空《しんくう》がつくれるって本当《ほんとう》ですか？

うむ。空気中《くうきちゅう》の気体分子《きたいぶんし》の個数《こすう》が少《すく》ない状態《じょうたい》になる。じゃが，気体分子《きたいぶんし》がまったくない状《じょう》態《たい》は無理《むり》じゃ。手動《しゅどう》の真空《しんくう》ポンプを使《つか》ってできるのは，低真空《ていしんくう》までじゃな。

低真空《ていしんくう》ってなんですか？

真空《しんくう》には種類《しゅるい》があるんじゃよ。「低真空《ていしんくう》」「中真空《ちゅうしんくう》」「高真空《こうしんくう》」「超高真空《ちょうこうしんくう》」「極高真空《ごくこうしんくう》」の5段階《だんかい》ある。食品《しょくひん》の包装《ほうそう》などに用《もち》いられるのは，おもに低真空《ていしんくう》じゃ。

へええ。「真空《しんくう》パック」って書《か》いてある食品《しょくひん》は，空気《くうき》がまったくないのかと思《おも》ってました。

残念《ざんねん》じゃったな。気体分子《きたいぶんし》がまったくない「絶《ぜっ》対真空《たいしんくう》」は，仮想的《かそうてき》な状態《じょうたい》で，まだ実現《じつげん》できていないんじゃ。

トリチェリの問題《もんだい》

ギリシア時代《じだい》から
つづいていた
「真空《しんくう》は存在《そんざい》するか？」
の問題《もんだい》に答《こた》えを出《だ》した

物理学者《ぶつりがくしゃ》トリチェリ

トリチェリは
1608年《ねん》に
イタリアで生《う》まれた

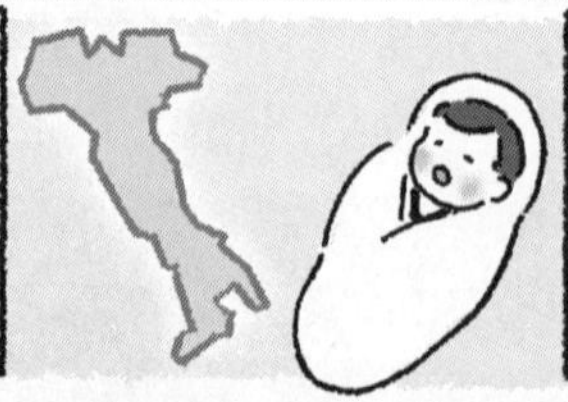

成長《せいちょう》した
トリチェリは
ローマへと向《む》かう

はじめは
数学者《すうがくしゃ》ベネデット・
カステリの秘書《ひしょ》を
していたという

のちに
天文学者《てんもんがくしゃ》で物理学者《ぶつりがくしゃ》の
ガリレオ・ガリレイ
（1564～1642）
の弟子《でし》となる

幾何学者《きかがくしゃ》としても
有名《ゆうめい》だった
トリチェリは
数学者《すうがくしゃ》のフェルマー
から出《だ》された難題《なんだい》も
解《と》いてみせた

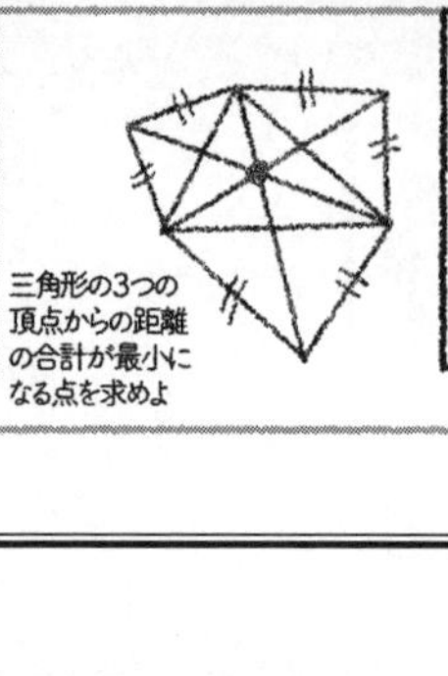

のちにこの問題《もんだい》は
「トリチェリの問題《もんだい》」と
いわれるようになった

ガリレオの弟子《でし》

1641年《ねん》
トリチェリは
ガリレオ・ガリレイに
出会《であ》い
弟子《でし》となる

ガリレオから
大《おお》きな
影響《えいきょう》を受《う》ける

なぜ10メートルより
深《ふか》い井戸《いど》からは
水《みず》が吸《す》い上《あ》げられない
のか？

トリチェリは
大気圧《たいきあつ》や真空《しんくう》に
ついて考《かんが》えを
めぐらせた

1643年《ねん》
水銀柱《すいぎんちゅう》を使《つか》った実験《じっけん》で
真空《しんくう》の存在《そんざい》を
証明《しょうめい》してみせた

地動説《ちどうせつ》を唱《とな》えた
ガリレオの弟子《でし》が
天動説《てんどうせつ》を唱《とな》えた
アリストテレスの説《せつ》を
破《やぶ》ったのだ

その後《ご》
ピサ大学《だいがく》の数学《すうがく》の
教授《きょうじゅ》として
まねかれる

1647年《ねん》
腸《ちょう》チフスにかかり
39歳《さい》で早《はや》すぎる
最期《さいご》をむかえた

memo

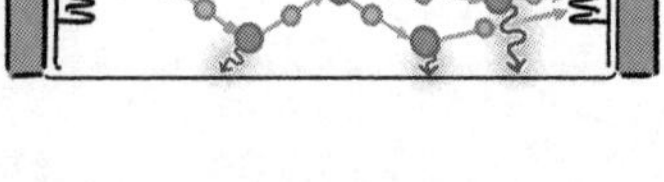

第《だい》4章《しょう》

「無《む》」の空間《くうかん》には何《なに》かが満《み》ちている

何《なに》もないようにみえる無《む》の空間《くうかん》には，実《じつ》は目《め》に見《み》えない何《なに》かがあるようです。その何《なに》かがあるから，磁力《じりょく》や電気力《でんきりょく》は真空《しんくう》の中《なか》を伝《つた》わっていけるのです。第《だい》4章《しょう》では，真空《しんくう》の中《なか》に何《なに》があるのかを探《さぐ》っていきます。

1 真空《しんくう》は，完全《かんぜん》な無《む》ではない！

物質《ぶっしつ》を取《と》り去《さ》っても，完全《かんぜん》なからっぽにならない

空間《くうかん》から物質《ぶっしつ》をすべて取《と》りのぞいて真空《しんくう》にしたら，その空間《くうかん》は完全《かんぜん》なからっぽといえるのでしょうか？　真空《しんくう》ポンプを使《つか》って，ある箱《はこ》の中《なか》から空《くう》気《き》を吸《す》いだすことを考《かんが》えましょう。箱《はこ》の中《なか》は物《ぶっ》質《しつ》が少《すく》なくなっていき，ほぼ真空《しんくう》になります。**しかし，箱《はこ》から物質《ぶっしつ》を取《と》りさっただけでは，完全《かんぜん》なからっぽになったとはいえません。**

1 真空《しんくう》には何《なに》かが満《み》ちている

もしある空間《くうかん》から物質《ぶっしつ》を完全《かんぜん》に取《と》り去《さ》り，さらに，周囲《しゅうい》の熱源《ねつげん》からの光《ひかり》（電磁波《でんじは》）もなくしたとしましょう。しかし，その空《くう》間《かん》にはまだ，「ヒッグス場《ば》」や「ダークエネルギー」など，さまざまなものが満《み》ちているといいます。

真空《しんくう》には，さまざまなものが満《み》ちている

空間《くうかん》にはまだ，光《ひかり》（電磁波《でんじは》）が含《ふく》まれています。箱《はこ》の壁《かべ》が，赤外線《せきがいせん》などの光《ひかり》をつねに放射《ほうしゃ》しているからです。これを「熱放射《ねつほうしゃ》」といいます。

この箱全体《はこぜんたい》の温度《おんど》を，自然界《しぜんかい》の温度《おんど》の下限《かげん》である「絶対《ぜったい》0度《ど》（マイナス273.15度《ど》）」の近《ちか》くになるまで下《さ》げていけば，熱放射《ねつほうしゃ》は限《かぎ》りなくゼロに近《ちか》づけることができます。今度《こんど》は，完全《かんぜん》なからっぽになったでしょうか。現代物理学《げんだいぶつりがく》によれば，そうではありません。物質《ぶっしつ》や光《ひかり》を取《と》りさり，一見《いっけん》すると完全《かんぜん》なからっぽになったようにみえても，真《しん》空《くう》には「ヒッグス場《ば》」や「ダークエネルギー」など，さまざまなものが満《み》ちているというのです。

2 真空《しんくう》でも，磁石《じしゃく》のNとSは引《ひ》き合《あ》う

磁力《じりょく》や電気力《でんきりょく》は，真空《しんくう》の空間《くうかん》でも伝《つた》わる

磁石《じしゃく》ははなれていても，磁力《じりょく》によって引《ひ》き合《あ》います。また，下敷《したじ》きで頭《あたま》をこすってからはなすと，静電気《せいでんき》の力《ちから》（電気力《でんきりょく》）によって髪《かみ》の毛《け》が下《した》敷《じ》きに引《ひ》かれ，浮《う》かび上《あ》がります。なぜ，はなれていても力《ちから》が伝《つた》わるのでしょう？

音《おと》は，空気《くうき》をふるわせて伝《つた》わります。磁力《じりょく》や電気力《でんきりょく》も，空気《くうき》のような何《なん》らかの目《め》に見《み》えない物質《ぶっしつ》によって伝《つた》わっているのでしょうか？　そうではありません。**実《じつ》は，磁力《じりょく》や電気力《でんきりょく》は，物質《ぶっしつ》がない真空《しんくう》の空間《くうかん》でも伝《つた》わるのです。**

電磁場《でんじば》は，空間《くうかん》そのものの性質《せいしつ》

たとえば宇宙飛行士《うちゅうひこうし》は，ほぼ真空《しんくう》といえる宇《う》宙空間《ちゅうくうかん》でも，方位磁石《ほういじしゃく》を使《つか》って地球《ちきゅう》の磁力《じりょく》を観《かん》測《そく》できます。真空《しんくう》には，物質《ぶっしつ》はありません。しかし物質《ぶっしつ》ではない何《なに》かが，存在《そんざい》しています。この何《なに》かは，「場《ば》」とよばれています。

磁力《じりょく》を伝《つた》える場《ば》は「磁場《じば》」，電気力《でんきりょく》を伝《つた》える場《ば》は「電場《でんば》」といいます。両者《りょうしゃ》は密接《みっせつ》に関連《かんれん》しているので，まとめて「電磁場《でんじば》」ともよばれます。場《ば》は空間《くうかん》そのものの性質《せいしつ》なので，物質《ぶっしつ》とはちがい，どんなポンプを使《つか》ってもなくすことはできません。そのため，物質《ぶっしつ》がない真空中《しんくうちゅう》でも存在《そんざい》できるのです。

memo

2 真空《しんくう》でも電磁気力《でんじきりょく》は伝《つた》わる

宇宙空間《うちゅうくうかん》は，ほぼ真空《しんくう》といえます。磁力《じりょく》は真空《しんくう》の宇宙空間《うちゅうくうかん》でも伝《つた》わるので，方位磁石《ほういじしゃく》を使《つか》って，地球《ちきゅう》の磁場《じば》の向《む》きを調《しら》べることができます。また，電気力《でんきりょく》も真空《しんくう》の宇宙空間《うちゅうくうかん》を伝《つた》わるので，宇宙飛行士《うちゅうひこうし》と宇宙船《うちゅうせん》の間《あいだ》で静電気《せいでんき》が生《しょう》じる可能性《かのうせい》があります。

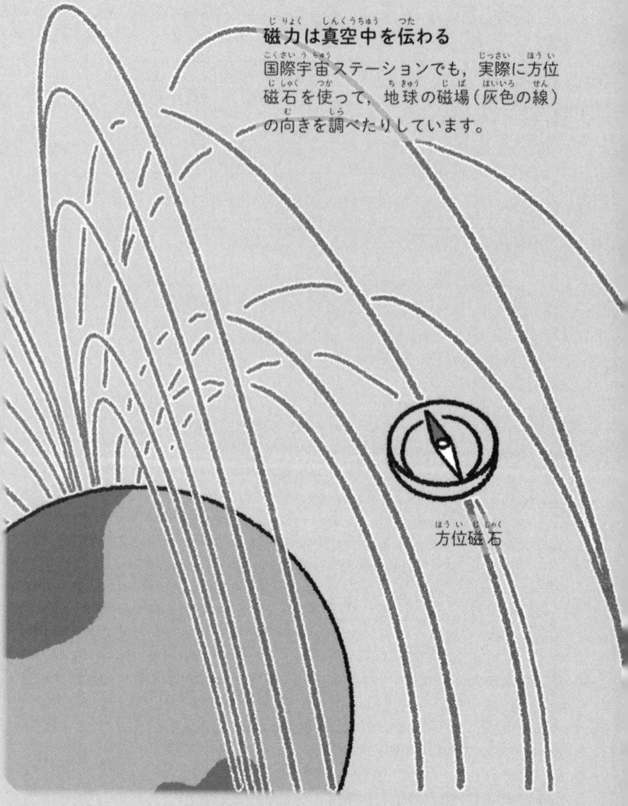

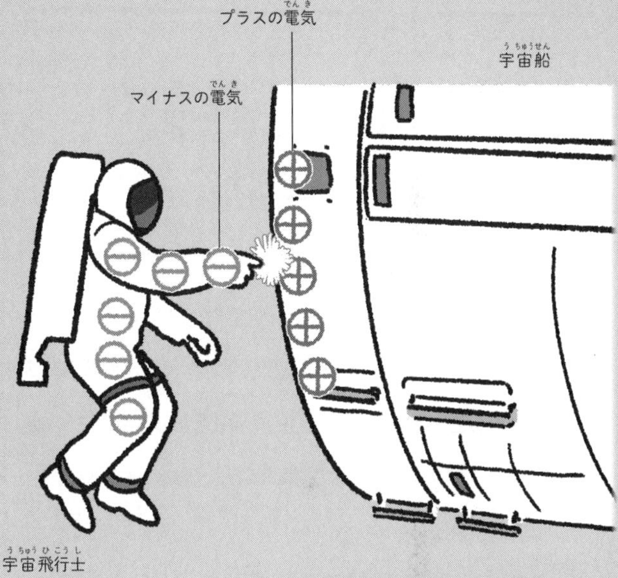

電気力《でんきりょく》は真空中《しんくうちゅう》を伝《つた》わる

マイナスの電気《でんき》を帯《お》びた宇宙飛行士《うちゅうひこうし》と，プラスの電気《でんき》を帯《お》びた宇宙船《うちゅうせん》の間《あいだ》で，静電気《せいでんき》が発生《はっせい》することがあるといいます。

3 宇宙空間《うちゅうくうかん》には，光《ひかり》が満《み》ちている

見《み》えるのは，目《め》にたまたま飛《と》びこんできた光《ひかり》だけ

真空《しんくう》の宇宙空間《うちゅうくうかん》は，無数《むすう》の光《ひかり》に満《み》ちています。しかし，そのほとんどは，あなたには見《み》えていません。**たとえば宇宙空間《うちゅうくうかん》で，目《め》の前《まえ》を非常《ひじょう》に強《つよ》い光《ひかり》が通過《つうか》したとしても，その光《ひかり》は見《み》えません。あなたに見《み》えるのは，目《め》にたまたま飛《と》びこんできた光《ひかり》だけです。**

ふだん，暗《くら》い部屋《へや》の中《なか》へ窓《まど》から光《ひかり》がさしこむようすを見《み》ることがあります。この場合《ばあい》，自分《じぶん》の目《め》に入《はい》ってくる光《ひかり》とは別《べつ》の方向《ほうこう》に進《すす》む光《ひかり》の道筋《みちすじ》が見《み》えているように思《おも》えます。しかし，そうではありません。これは，空気中《くうきちゅう》をただようちりなどによって，光《ひかり》が散乱《さんらん》し，その光《ひかり》があなたの目《め》に届《とど》いているために見《み》えるのです。ちりのない宇《う》

3 見《み》えない光《ひかり》が飛《と》びかう宇宙《うちゅう》

宇宙空間《うちゅうくうかん》では，私《わたし》たちの目《め》に飛《と》びこんだ光《ひかり》だけが見《み》え，ほかの方向《ほうこう》に進《すす》む光《ひかり》は見《み》えません。その結果《けっか》，宇宙空間《うちゅうくうかん》は真《ま》っ暗《くら》にみえます。また，人《ひと》が見《み》ることができないさまざまな波長《はちょう》の光《ひかり》が飛《と》びかっています。

宙空間《ちゅうくうかん》では，目《め》の前《まえ》をとおり過《す》ぎる無数《むすう》の光《ひかり》はまったく見《み》えないのです。

星《ほし》や銀河《ぎんが》からの光《ひかり》は，見《み》えない光《ひかり》を含《ふく》んでいる

　また，宇宙《うちゅう》を満《み》たす光《ひかり》は，私《わたし》たちの目《め》に見《み》える光《ひかり》だけではありません。**星《ほし》や銀河《ぎんが》からの光《ひかり》は，私《わたし》たちには見《み》えない，ガンマ線《せん》，X線《せん》，紫外線《しがいせん》，赤外線《せきがいせん》，電波《でんぱ》などの光《ひかり》を含《ふく》んでいます。**これらの光《ひかり》は，波長《はちょう》（波《なみ》の山《やま》と次《つぎ》の山《やま》までの長《なが》さ）によって種類《しゅるい》が決《き》まります。何《なに》もないようにみえる真《しん》空《くう》の宇宙空間《うちゅうくうかん》には，光《ひかり》が満《み》ちているのです。

4　光《ひかり》は，真空中《しんくうちゅう》の「場《ば》」をゆらして伝《つた》わる

光《ひかり》を伝《つた》えるのは電場《でんば》と磁場《じば》

　夜空《よぞら》を見上《みあ》げると，遠《とお》くの星《ほし》の光《ひかり》を見《み》ることができます。これは，光《ひかり》が真空《しんくう》の宇宙空間《うちゅうくうかん》を伝《つた》わることができることを意味《いみ》しています。光《ひかり》は，「物質《ぶっしつ》」ではなく，真空《しんくう》にある「場《ば》」が振動《しんどう》することで伝《つた》わっています。光《ひかり》を伝《つた》えるのは，電場《でんば》と磁場《じば》です。このことから，光《ひかり》は「電磁波《でんじは》」ともよばれています。

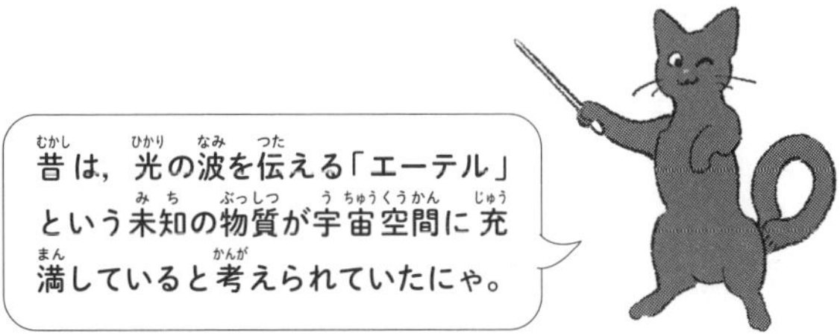

電場《でんば》がゆれ動《うご》くと，
磁場《じば》もゆれ動《うご》く

静《しず》かな水面《すいめん》に物《もの》が落《お》ちると，水面《すいめん》が上下《じょうげ》に振《しん》動《どう》することで，周囲《しゅうい》に波《なみ》が伝《つた》わっていきます。電場《でんば》や磁場《じば》は，この水面《すいめん》のようなものです。

たとえば，マイナスの電気《でんき》をおびた電子《でんし》が原子《げんし》の中《なか》でゆれ動《うご》くと，電子《でんし》の周囲《しゅうい》の電場《でんば》もゆれ動《うご》きます。**電場《でんば》と磁場《じば》は密接《みっせつ》な関係《かんけい》があるので，電《でん》場《ば》がゆれ動《うご》くと，磁場《じば》もゆれ動《うご》きます。この現《げん》象《しょう》が，電磁波《でんじは》，すなわち光《ひかり》の正体《しょうたい》です。**

光《ひかり》は，真空中《しんくうちゅう》にも存在《そんざい》できる電場《でんば》と磁場《じば》の振《しん》動《どう》が伝《つた》わる波《なみ》なので，真空《しんくう》である宇宙空間《うちゅうくうかん》でも伝《つた》わることができます。太陽《たいよう》や，身《み》のまわりの美《うつく》しいものが見《み》えるのは，電場《でんば》や磁場《じば》のおかげなのです。

4 電場《でんば》と磁場《じば》をゆらして伝《つた》わる

電子《でんし》などの電気《でんき》をおびた粒子《りゅうし》が上下《じょうげ》に振動《しんどう》すると，電場《でんば》や磁場《じば》が振動《しんどう》して周囲《しゅうい》に伝《つた》わっていきます。これが電磁波《でんじは》です。電場《でんば》や磁場《じば》の振動《しんどう》は，水面《すいめん》の波《なみ》に似《に》ています。

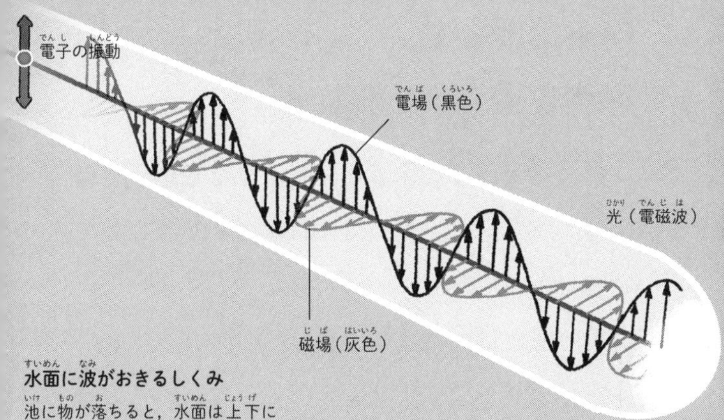

水面《すいめん》に波《なみ》がおきるしくみ

池《いけ》に物《もの》が落《お》ちると，水面《すいめん》は上下《じょうげ》に振動《しんどう》し，周囲《しゅうい》に同心円状《どうしんえんじょう》の波《なみ》が広《ひろ》がっていきます。

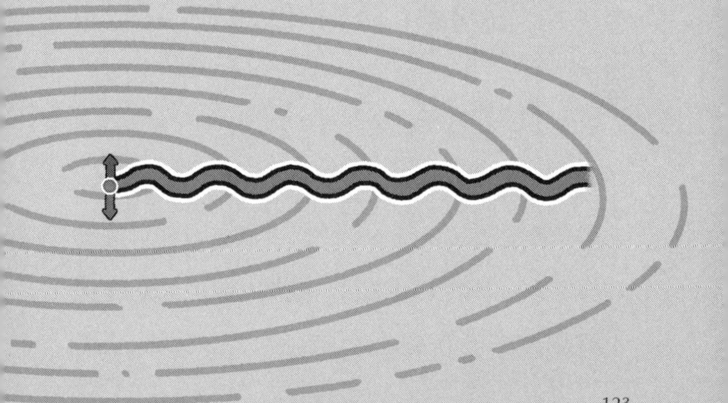

5 真空《しんくう》を埋《う》めつくす何《なに》かが，素粒子《そりゅうし》にまとわりつく

何《なに》かによって，速度《そくど》を遅《おそ》くさせられる

素粒子物理学《そりゅうしぶつりがく》によると，真空《しんくう》には電場《でんば》や磁場《じば》以外《いがい》に，「ヒッグス場《ば》」とよばれる場《ば》が存在《そんざい》しているといいます。

素粒子《そりゅうし》とは，物質《ぶっしつ》などを分割《ぶんかつ》していったときにたどりつく，それ以上分割《いじょうぶんかつ》できないと考《かんが》えられる究極《きゅうきょく》に小《ちい》さい粒子《りゅうし》のことです。そしてその素粒子《そりゅうし》の性質《せいしつ》を明《あき》らかにする学問《がくもん》が，素粒子物理学《そりゅうしぶつりがく》です。

真空中《しんくうちゅう》を進《すす》む光《ひかり》の速度《そくど》は，秒速約《びょうそくやく》30万《まん》キロメートルで，自然界《しぜんかい》の最高速度《さいこうそくど》です。何《なに》ものも，光《ひかり》の速度《そくど》をこえて進《すす》むことはできません。**光以外《ひかりいがい》のほとんどの素粒子《そりゅうし》は，空間《くうかん》に満《み》ちている何《なに》かによって，速度《そくど》を遅《おそ》くさせられています。**この

5 ヒッグス場《ば》を進《すす》む素粒子《そりゅうし》

ヒッグス場《ば》の中《なか》で，素粒子《そりゅうし》がヒッグス場《ば》の衣《ころも》をまとって進《すす》んでいるイメージです。真空《しんくう》の宇宙空間《うちゅうくうかん》も，分子《ぶんし》と分子《ぶんし》の間《あいだ》の真空《しんくう》も，原子《げんし》の中《なか》の真空《しんくう》も，ヒッグス場《ば》で埋《う》めつくされています。

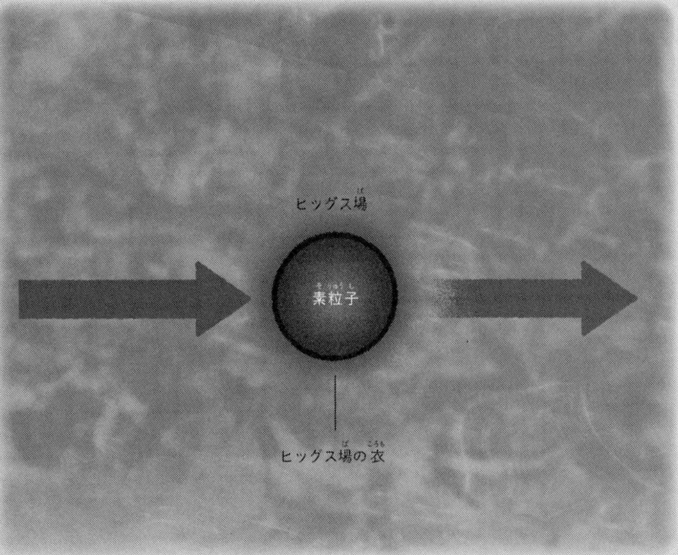

何《なに》かが，ヒッグス場《ば》です。

素粒子《そりゅうし》に質量《しつりょう》をあたえるはたらきをもつ

ヒッグス場《ば》は空間《くうかん》を埋《う》めつくしており，そこを進《すす》む素粒子《そりゅうし》は“ヒッグス場《ば》の衣《ころも》”をまとって進《すす》むことになるといいます。そのためほとんどの素粒子《そりゅうし》は，光《ひかり》のように速《はや》く進《すす》むことができなくなります。

ヒッグス場《ば》の衣《ころも》の厚《あつ》さは，素粒子《そりゅうし》の種類《しゅるい》によってことなります。衣《ころも》が厚《あつ》い素粒子《そりゅうし》ほど，加速《かそく》や減速《げんそく》がしにくくなり，質量《しつりょう》が大《おお》きくなります。つまりヒッグス場《ば》は，素粒子《そりゅうし》に質量《しつりょう》をあたえるはたらきをもつのです。

6 ヒッグス場《ば》の存在《そんざい》が，実験《じっけん》でたしかめられた

2013年《ねん》にヒッグス場《ば》の存在《そんざい》を実証《じっしょう》

　真空中《しんくうちゅう》にヒッグス場《ば》が満《み》ちているといわれても，簡単《かんたん》には信《しん》じられないのではないでしょうか。しかし素粒子物理学者《そりゅうしぶつりがくしゃ》たちは，スイスのジュネーブ郊外《こうがい》にある「LHC（大型《おおがた》ハドロン衝突型《しょうとつがた》加速器《かそくき》）」とよばれる実験装置《じっけんそうち》を使《つか》って，2013年《ねん》にヒッグス場《ば》の存在《そんざい》を実証《じっしょう》しました。

ヒッグス場《ば》に生《しょう》じた波《なみ》が，飛《と》びだしてきた

　LHCは，1周《しゅう》が約《やく》27キロメートルもある環状《かんじょう》の管《くだ》と検出装置《けんしゅつそうち》からなる，巨大実験装置《きょだいじっけんそうち》です。LHCでは，真空《しんくう》になった管《くだ》の中《なか》で陽子《ようし》を光速近《こうそくちか》

くまで加速《かそく》し，検出装置《けんしゅつそうち》の中《なか》で陽子《ようし》どうしを正《しょう》面衝突《めんしょうとつ》させるという実験《じっけん》がくりかえされています。

そしてあるとき，ヒッグス場《ば》に生《しょう》じた波《なみ》が，かたまりとなって飛《と》びだしてくるという現象《げんしょう》が確認《かくにん》されました。これは，「ヒッグス粒子《りゅうし》」という素粒子《そりゅうし》でした。こうして素粒子物理学者《そりゅうしぶつりがくしゃ》たちは，ヒッグス粒子《りゅうし》を検出《けんしゅつ》することで，ヒッグス場《ば》の存在《そんざい》を実証《じっしょう》したのです。

6 ヒッグス場《ば》を実証《じっしょう》した実験《じっけん》

素粒子物理学者《そりゅうしぶつりがくしゃ》たちは，LHCで陽子《ようし》どうしの衝突《しょうとつ》をおこし，そのぼう大《だい》なエネルギーを1点《てん》に集中《しゅうちゅう》させて，ヒッグス場《ば》をゆり動《うご》かしました。すると，ヒッグス場《ば》に生《しょう》じた波《なみ》（ヒッグス粒子《りゅうし》）が飛《と》びだしてきました。

宇宙《うちゅう》で生身《なまみ》だと，体《からだ》は破裂《はれつ》する？

宇宙飛行士《うちゅうひこうし》は，宇宙空間《うちゅうくうかん》では宇宙服《うちゅうふく》を着《き》ています。宇宙服《うちゅうふく》は，体温《たいおん》や湿度《しつど》を保《たも》ち，宇宙線《うちゅうせん》から身《み》を守《まも》り，気圧《きあつ》を一定《いってい》に保《たも》ちます。しかしもし，宇《う》宙空間《ちゅうくうかん》へ宇宙服《うちゅうふく》なしで放《ほう》りだされたら，どうなってしまうのでしょうか。気圧《きあつ》が0になると，体《からだ》が膨張《ぼうちょう》して破裂《はれつ》してしまうのでしょうか。

映画《えいが》などでは，体《からだ》が破裂《はれつ》する描写《びょうしゃ》もあります。**しかし，実際《じっさい》には，気圧《きあつ》の変化《へんか》で体《からだ》が破裂《はれつ》することはないといわれています。**一《ひと》つの事例《じれい》を紹介《しょうかい》しましょう。1965年《ねん》のことです。NASA《ナサ》の真空室《しんくうしつ》で，着《き》ていた宇宙服《うちゅうふく》から空気《くうき》がもれるという事故《じこ》がおきました。彼《かれ》が意識《いしき》を保《たも》っていたのは約《やく》14秒間《びょうかん》。真空室《しんくうしつ》は15秒《びょう》と置《お》かずに再加圧《さいかあつ》され，幸《さいわ》い，完全《かんぜん》な真空《しんくう》にはならず，彼《かれ》の意識《いしき》はすぐ戻《もど》ったそうです。

のちに彼《かれ》は，「事故《じこ》にあったとき，空気《くうき》がもれていく感《かん》じがわかり，その音《おと》が聞《き》こえ，意識《いしき》を失《うしな》う前《まえ》に，舌《した》の上《うえ》で水分《すいぶん》が沸騰《ふっとう》しはじめたのがわかった」と語《かた》っています。

7 真空《しんくう》では，素粒子《そりゅうし》が生《う》まれては消《き》える

ミクロな世界《せかい》では，素粒子《そりゅうし》の数《かず》もゆらぐ

素粒子《そりゅうし》のようなミクロな世界《せかい》の物理法則《ぶつりほうそく》は，「量子論《りょうしろん》」とよばれています。量子論《りょうしろん》によると，ミクロな世界《せかい》は，「ゆらぎ」に支配《しはい》されているといいます。

真空《しんくう》を，物質《ぶっしつ》が存在《そんざい》しない空間《くうかん》と考《かんが》えると，素粒子《そりゅうし》の数《かず》はゼロのはずです。しかしミクロな世界《せかい》では，素粒子《そりゅうし》の数《かず》さえもゆらいでしまい，素粒子《そりゅうし》の数《かず》をゼロにとどめておくことはできないといいます。**なんとミクロな世界《せかい》では，素粒《そりゅう》子《し》は生成《せいせい》と消滅《しょうめつ》をくりかえし，素粒子《そりゅうし》の数《かず》が時々刻々《じじこっこく》と変動《へんどう》しているというのです。**

7 真空《しんくう》では素粒子《そりゅうし》の数《かず》がゆらぐ

箱《はこ》の中《なか》からすべての物質《ぶっしつ》を取《と》りのぞき，絶対《ぜったい》0度《ど》（マイナス273.15度《ど》）に冷《ひ》やします。箱《はこ》の中《なか》は真空《しんくう》です。しかしミクロな世界《せかい》まで拡大《かくだい》してみると，ごく短《みじか》い時間《じかん》で素粒子《そりゅうし》があらわれたり消《き》えたりしていると考《かんが》えられます。

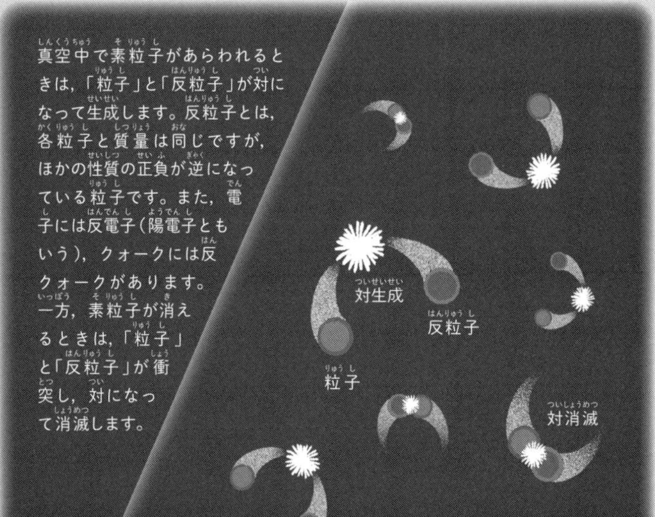

粒子《りゅうし》として検出《けんしゅつ》することはできない

素粒子《そりゅうし》があらわれたり消《き》えたりしているなら，一瞬《いっしゅん》とはいえ物質《ぶっしつ》が存在《そんざい》するのですから，その空間《くうかん》は真空《しんくう》ではないように思《おも》えるかもしれません。しかしこれらの素粒子《そりゅうし》は，普通《ふつう》の素粒子《そりゅうし》とはちがい，決《けっ》して粒子《りゅうし》として直接検出《ちょくせつけんしゅつ》することができません。箱《はこ》の中《なか》を調《しら》べると，真空《しんくう》にしかみえないのです。そのためこれらの素粒子《そりゅうし》は，普通《ふつう》の検出可能《けんしゅつかのう》な「実粒子《じつりゅうし》」と区別《くべつ》して，「仮想粒子《かそうりゅうし》」とよばれています。

8 陽子《ようし》の中《なか》は，混《こ》み合《あ》った真空状態《しんくうじょうたい》だった

陽子《ようし》や中性子《ちゅうせいし》の中身《なかみ》も，ほとんどからっぽ

原子《げんし》の内部《ないぶ》をのぞいてみると，中央《ちゅうおう》の原子核《げんしかく》と周囲《しゅうい》を飛《と》ぶ電子《でんし》からなり，その間《あいだ》は真空《しんくう》です。では中央《ちゅうおう》の原子核《げんしかく》を構成《こうせい》する，陽子《ようし》や中性子《ちゅうせいし》の内側《うちがわ》はどうなっているのでしょうか。

陽子《ようし》や中性子《ちゅうせいし》は，三《みっ》つの「クォーク」とよばれる素粒子《そりゅうし》からできています。クォーク自体《じたい》は，電子《でんし》と同《おな》じく，点状《てんじょう》の粒子《りゅうし》です。**陽子《ようし》や中性子《ちゅうせいし》の中身《なかみ》もほとんどからっぽで，クォークとクォークの間《あいだ》の空間《くうかん》は，ある種《しゅ》の真空《しんくう》だといえます。**といっても，次《つぎ》のページで説明《せつめい》するように，まったくすかすかというわけではありません。

陽子《ようし》の中《なか》では，たくさんの仮想粒子《かそうりゅうし》が生《しょう》じている

素粒子物理学《そりゅうしぶつりがく》の「量子色力学《りょうしいろりきがく》」という理論《りろん》によると，クォークは「グルーオン」とよばれる仮想《かそう》粒子《りゅうし》をたえず放出《ほうしゅつ》，吸収《きゅうしゅう》しているといいます。そしてグルーオンは，「クォーク」と「反《はん》クォーク」の対《つい》に変身《へんしん》してはグルーオンにもどる，ということをくりかえしているのだそうです。

反《はん》クォークとは，クォークと反対《はんたい》の電気《でんき》を帯《お》びている粒子《りゅうし》のことです。**つまり陽子《ようし》の中《なか》は，ゆらぎによって生《しょう》じるたくさんのグルーオンやクォーク，反《はん》クォークの海《うみ》に，三《みっ》つのクォークが浮《う》かんでいるようなものなのです。**

8 仮想粒子《かそうりゅうし》で充満《じゅうまん》する陽子《ようし》

水素原子《すいそげんし》の中央《ちゅうおう》には，原子核《げんしかく》として陽子《ようし》が1個《こ》あります。陽子《ようし》の中《なか》には，2個《こ》の「アップクォーク」と1個《こ》の「ダウンクォーク」があります。そして陽子《ようし》の内部《ないぶ》では，たくさんの仮想粒子《かそうりゅうし》があらわれては消《き》えていると考《かんが》えられています。

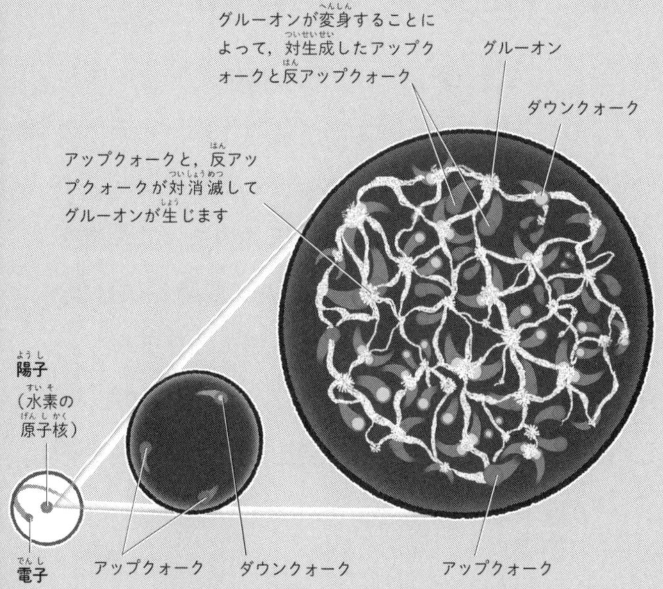

水素原子《すいそげんし》

代表的《だいひょうてき》な粒子《りゅうし》だけをえがいた陽子《ようし》の内部《ないぶ》

仮想粒子《かそうりゅうし》をふくめてえがいた陽子《ようし》の内部《ないぶ》

グルーオンのふるまいは，三《みっ》つのクォークを結《むす》びつけるのり（グルー）のような役割《やくわり》を果《は》たすことがわかっています。イラストでは，白《しろ》い帯《おび》のようにえがいています。

9 からっぽの無《む》の空間《くうかん》も，曲《ま》がったり，波《なみ》打《う》ったりする

重力《じゅうりょく》の正体《しょうたい》は，時空《じくう》のゆがみ

　ここで視点《してん》を変《か》えて，空《から》っぽの空間自体《くうかんじたい》に注《ちゅう》目《もく》してみましょう。太陽《たいよう》や地球《ちきゅう》といった天体《てんたい》のまわりには，重力《じゅうりょく》が生《しょう》じます。アインシュタインは，その重力《じゅうりょく》の正体《しょうたい》は，天体《てんたい》のまわりの時空《じくう》（時間《じかん》と空間《くうかん》）のゆがみであると説明《せつめい》しました。そのゆがみの影響《えいきょう》を受《う》けて，物体《ぶったい》は落下《らっか》し，光《ひかり》の進《すす》む方向《ほうこう》さえも曲《ま》げられると考《かんが》えたのです。そして，そのゆがんだ時空《じくう》を記述《きじゅつ》する方程式《ほうていしき》をみちびきだしました。

無《む》の空間《くうかん》でも，実体《じったい》をもつ

　アインシュタインはさらに，質量《しつりょう》をもった物《ぶっ》体《たい》がゆれ動《うご》くと，その周囲《しゅうい》の時空《じくう》のゆがみが波《なみ》

9 時空《じくう》がゆがむ

イラストは，時空《じくう》を網目《あみめ》状《じょう》のゴムシートとしてえがいたものです。太陽《たいよう》などの質量《しつりょう》の大《おお》きな物体《ぶったい》のそばでは，時空《じくう》はゆがみます。そのゆがみが，重力《じゅうりょく》の正体《しょうたい》です。また，非常《ひじょう》に質量《しつりょう》の大《おお》きい天体《てんたい》どうしの衝突《しょうとつ》などがおきると，時空《じくう》のゆがみは波《なみ》となって周囲《しゅうい》に広《ひろ》がっていきます。

のように周囲《しゅうい》に広《ひろ》がっていくと予言《よげん》しました。これを，「重力波《じゅうりょくは》」といいます。

重力波《じゅうりょくは》はきわめて微弱《びじゃく》なため，長年《ながねん》みつかっていませんでした。しかし2016年《ねん》，アメリカの重力波《じゅうりょくは》観測装置《かんそくそうち》「LIGO《ライゴ》」が，世界《せかい》ではじめてこの重力波《じゅうりょくは》を検出《けんしゅつ》して話題《わだい》となりました。こうしたことから，たとえからっぽの無《む》の空間《くうかん》であっても，空間《くうかん》そのものがゆがんだり波打《なみう》ったりする，実体《じったい》をもつ存在《そんざい》だといえるのです。

10 普通《ふつう》の物質《ぶっしつ》をとりのぞいても，ダークマターが残《のこ》る

ダークマターの姿《すがた》は，見《み》ることができない

私《わたし》たちの体《からだ》も，空気《くうき》も，星《ほし》も，あらゆる物質《ぶっしつ》は原子《げんし》からできています。**ところが宇宙《うちゅう》には，原子以外《げんしいがい》の何《なに》かでできた，目《め》には見《み》えない未知《みち》の物質《ぶっしつ》が大量《たいりょう》に存在《そんざい》していると考《かんが》えられています。その未知《みち》の物質《ぶっしつ》は，「ダークマター（暗黒物質《あんこくぶっしつ》）」とよばれています。**

ダークマターの姿《すがた》は，見《み》ることができません。それは，ダークマターが光《ひかり》を出《だ》さないからです。人《ひと》の目《め》に見《み》える可視光線《かしこうせん》だけでなく，電波《でんぱ》やX線《せん》などの，どんな電磁波《でんじは》も，放《はな》ったり吸収《きゅうしゅう》したりしません。そのため，電磁波《でんじは》ではダークマターをとらえることができないのです。

普通《ふつう》の物質《ぶっしつ》の5〜6倍《ばい》の質量《しつりょう》のダークマターが存在《そんざい》

見《み》えもしないダークマターが，なぜ「ある」と考《かんが》えられているのでしょうか。実《じつ》は，ダークマターには質量《しつりょう》があり，周囲《しゅうい》に重力《じゅうりょく》をおよぼします。宇宙《うちゅう》の観測《かんそく》などから推定《すいてい》すると，宇宙《うちゅう》には普通《ふつう》の物質《ぶっしつ》の5〜6倍《ばい》もの質量《しつりょう》のダークマターが存在《そんざい》しているとみられています。つまり，空間《くうかん》から普通《ふつう》の物質《ぶっしつ》をすべてとりのぞいても，大量《たいりょう》のダークマターが残《のこ》ることになるのです。

10 未知《みち》の物質《ぶっしつ》「ダークマター」

イラストは，宇宙空間《うちゅうくうかん》に満《み》ちるダークマターのイメージです。ダークマターは，私《わたし》たちの体《からだ》を形《かたち》づくる普通《ふつう》の物質《ぶっしつ》とはことなり，見《み》ることもさわることもできない未知《みち》の物質《ぶっしつ》です。

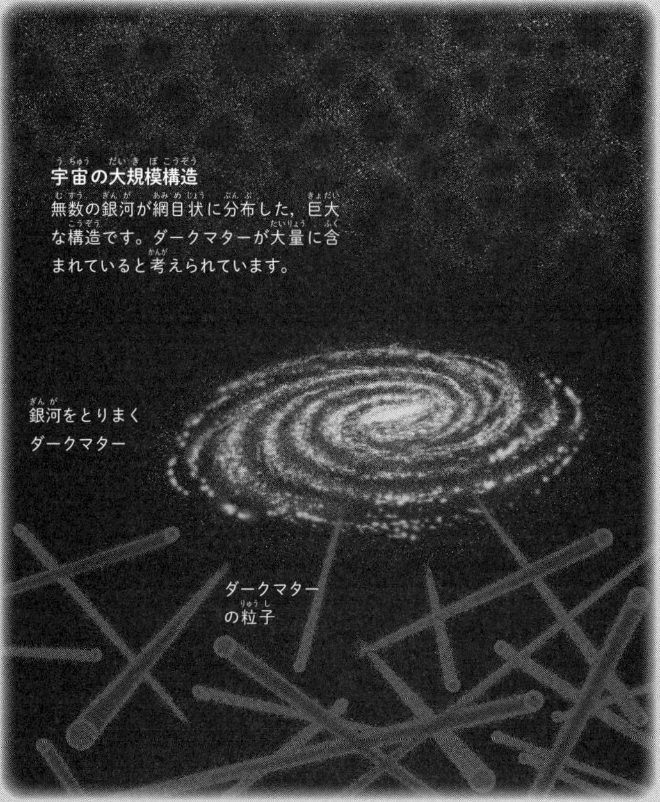

11 真空《しんくう》には，宇宙《うちゅう》を膨張《ぼうちょう》させるエネルギーが満《み》ちている

宇宙《うちゅう》が膨張《ぼうちょう》していることを発見《はっけん》した

アインシュタインがみちびいた一般相対性理論《いっぱんそうたいせいりろん》によって，空間《くうかん》はそれ自身《じしん》が変化《へんか》するものだということがわかりました。さらに，この一般相対性《いっぱんそうたいせい》理論《りろん》を使《つか》って宇宙全体《うちゅうぜんたい》のふるまいを考《かんが》えると，なんと宇宙全体《うちゅうぜんたい》が膨張《ぼうちょう》しうるということも示《しめ》されます。それは，宇宙空間《うちゅうくうかん》そのものが広《ひろ》がるということを意味《いみ》します。そして実際《じっさい》，1929年《ねん》に，天文学者《てんもんがくしゃ》のエドウィン・ハッブル（1889～1953）は，遠《とお》くの銀河《ぎんが》を観測《かんそく》することで，確《たし》かに宇宙《うちゅう》が膨張《ぼうちょう》していることを発見《はっけん》しました。

11 宇宙《うちゅう》の膨張《ぼうちょう》は加速《かそく》している

イラストは，膨張《ぼうちょう》する宇宙《うちゅう》のイメージです。宇宙全体《うちゅうぜんたい》が膨張《ぼうちょう》しているため，宇宙《うちゅう》のどの位置《いち》から見《み》ても，まわりの銀河《ぎんが》が遠《とお》ざかるように見《み》えます。宇宙《うちゅう》の膨張《ぼうちょう》は加速《かそく》していることから，真空《しんくう》の宇宙空間《うちゅうくうかん》には，反発力《はんぱつりょく》を生《う》むようなダークエネルギーが満《み》ちていると考《かんが》えられています。

反発力《はんぱつりょく》の効果《こうか》をもつ，謎《なぞ》のダークエネルギー

1998年《ねん》，さらなる宇宙《うちゅう》の観測《かんそく》によって，宇宙《うちゅう》の膨張速度《ぼうちょうそくど》が加速《かそく》していることが明《あき》らかになりました。一般相対性理論《いっぱんそうたいせいりろん》にもとづくと，宇宙《うちゅう》の膨張《ぼうちょう》が加速《かそく》するということは，宇宙空間自体《うちゅうくうかんじたい》に膨張《ぼうちょう》を加速《かそく》させるような反発力《はんぱつりょく》がはたらいていることを意味《いみ》します。真空《しんくう》の宇宙空間《うちゅうくうかん》には，そうした反発力《はんぱつりょく》の効果《こうか》をもつエネルギーが満《み》ちているようなのです。そのエネルギーの正体《しょうたい》は謎《なぞ》につつまれており，「ダークエネルギー」とよばれています。

12 真空《しんくう》の正体《しょうたい》の解明《かいめい》が，物理学《ぶつりがく》の課題《かだい》

真空《しんくう》の研究《けんきゅう》は，物理学《ぶつりがく》の進歩《しんぽ》に貢献《こうけん》してきた

ここまでにみてきたとおり，真空《しんくう》はただのからっぽの空間《くうかん》などではありません。真空《しんくう》の研究《けんきゅう》と，真空《しんくう》から発見《はっけん》された奇妙《きみょう》なものたちは，どれも物理学《ぶつりがく》の進歩《しんぽ》に貢献《こうけん》してきました。

たとえば，かつて科学者《かがくしゃ》たちは，光《ひかり》がなぜ宇《う》宙空間《ちゅうくうかん》を伝《つた》わることができるのかを調《しら》べることで，光《ひかり》が伝《つた》わるために物質《ぶっしつ》は必要《ひつよう》ではないことを発見《はっけん》しました。光《ひかり》は，真空《しんくう》に存在《そんざい》する「電磁《でんじ》場《ば》」が振動《しんどう》しながら伝《つた》わるものでした。

ダークエネルギーの正体《しょうたい》は，最大《さいだい》のなぞの一《ひと》つ

ヒッグス博士《はかせ》らは，真空《しんくう》には素粒子《そりゅうし》に質量《しつりょう》をもたせるはたらきがある「ヒッグス場《ば》」が満《み》ちていると考《かんが》えました。ヒッグス場《ば》が存在《そんざい》することは，2013年《ねん》にヒッグス粒子《りゅうし》が発見《はっけん》されたことで確《たし》かめられました。**そして今《いま》，真空《しんくう》には宇宙《うちゅう》の膨張《ぼうちょう》を加速《かそく》させる「ダークエネルギー」が満《み》ちていると考《かんが》えられています。ダークエネルギーの正体《しょうたい》は，現代物理学《げんだいぶつりがく》における最大《さいだい》のなぞの一《ひと》つです。**

真空《しんくう》の正体《しょうたい》を解明《かいめい》することは，現代物理学《げんだいぶつりがく》のさまざまななぞを解《と》くことにつながっているのです。

memo

12 真空《しんくう》はにぎやか

物質《ぶっしつ》を取《と》りのぞいたはずの真空《しんくう》は，実《じつ》は非常《ひじょう》ににぎやかです。真空《しんくう》では，素粒子《そりゅうし》の対生成《ついせいせい》と対《つい》消滅《しょうめつ》がたえまなくおき，ヒッグス場《ば》やダークエネルギーなども存在《そんざい》します。

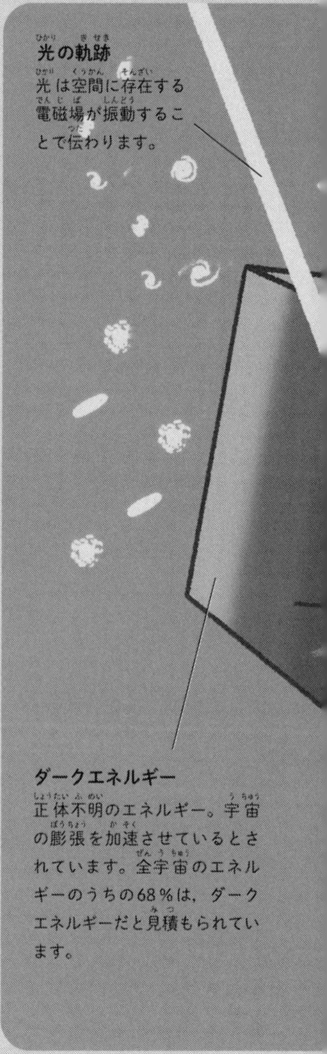

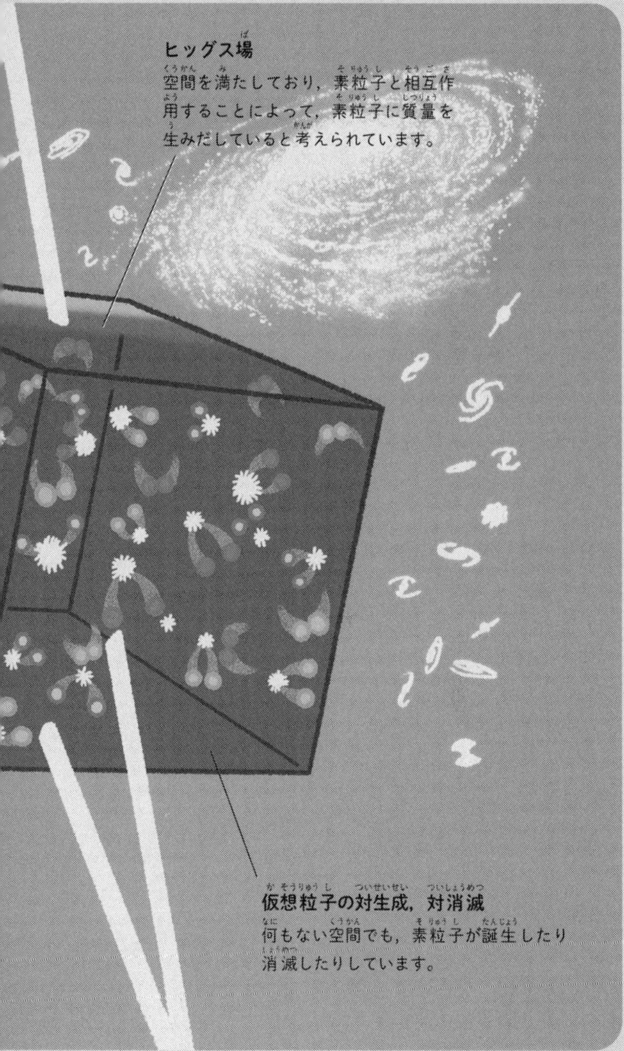
ヒッグス場《ば》
空間《くうかん》を満《み》たしており，素粒子《そりゅうし》と相互作《そうごさ》用《よう》することによって，素粒子《そりゅうし》に質量《しつりょう》を生《う》みだしていると考《かんが》えられています。
仮想粒子《かそうりゅうし》の対生成《ついせいせい》，対消滅《ついしょうめつ》
何《なに》もない空間《くうかん》でも，素粒子《そりゅうし》が誕生《たんじょう》したり消滅《しょうめつ》したりしています。

博士《はかせ》！教《おし》えて!!

素粒子《そりゅうし》の大《おお》きさはどのくらい？

博士《はかせ》！　素粒子《そりゅうし》って顕微鏡《けんびきょう》で見《み》ることができるんですか？

ふぉっふぉっふぉっ。精巧《せいこう》な顕微鏡《けんびきょう》でも，見《み》ることはできんよ。物質《ぶっしつ》は小《ちい》さな原子《げんし》でできておるのじゃが，その原子《げんし》をつくっておるのがさらに小《ちい》さな素粒子《そりゅうし》なんじゃ。

どのくらいの大《おお》きさなんですか？

原子《げんし》の大《おお》きさが１億分《おくぶん》の１センチメートルで，素粒子《そりゅうし》はさらに原子《げんし》の10億分《おくぶん》の１以下《いか》……。途方《とほう》もなく小《ちい》さいんじゃ。大《おお》きさゼロの点《てん》とも考《かんが》えられておる。

そんなミクロな世界《せかい》なんですね。素粒子《そりゅうし》って，どんな姿《すがた》をしているんですか？

ふむ，よい質問《しつもん》じゃな。素粒子《そりゅうし》は，実際《じっさい》に見《み》ることができず，謎《なぞ》の多《おお》い存在《そんざい》なんじゃ。最新《さいしん》の「超《ちょう》ひも理論《りろん》」では，素粒子《そりゅうし》は点《てん》ではなく，ひもでできていると考《かんが》えられている。ただし，これはまだ仮説《かせつ》で，実証《じっしょう》はされておらんのじゃがな。

超《ちょう》ひも理論《りろん》

超《ちょう》ひも理論《りろん》は，素粒子《そりゅうし》を細長《ほそなが》い「ひも」だと考《かんが》える理論《りろん》です。開《ひら》いたひもは文字通《もじどお》りひもの状態《じょうたい》で，閉《と》じたひもはいわゆる輪《わ》の状態《じょうたい》です。

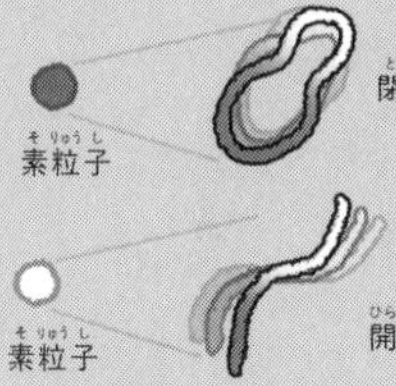

第《だい》5章《しょう》

時空《じくう》の「無《む》」が宇宙《うちゅう》を生《う》んだ

この宇宙《うちゅう》は，時間《じかん》も空間《くうかん》もない「無《む》」から誕生《たんじょう》したのかもしれません。時空《じくう》のない無《む》の世界《せかい》では，宇宙《うちゅう》の卵《たまご》が，生《う》まれては消《き》えているといいます。第《だい》5章《しょう》では，無《む》からの宇宙創生《うちゅうそうせい》の謎《なぞ》にせまります。

1 宇宙《うちゅう》は，時間《じかん》も空間《くうかん》もない究極《きゅうきょく》の無《む》から生《う》まれた

宇宙《うちゅう》は，大《おお》きさゼロの無《む》から生《う》まれた

「宇宙《うちゅう》にはじまりはあったのか。それとも永遠《えいえん》の過去《かこ》から宇宙《うちゅう》は存在《そんざい》したのか…」。人類永遠《じんるいえいえん》の疑問《ぎもん》に，大《おお》きな波紋《はもん》を投《な》げかける論文《ろんぶん》が，1982年《ねん》に発表《はっぴょう》されました。アメリカの物理学者《ぶつりがくしゃ》のアレキサンダー・ビレンキン（1949～　）の論文《ろんぶん》，「無《む》からの宇宙創生《うちゅうそうせい》」です。

ビレンキンは，宇宙《うちゅう》は大《おお》きさゼロの無《む》から生《う》まれたといいます。生《う》まれたての宇宙《うちゅう》は，原子《げんし》や原子核《げんしかく》よりもはるかに小《ちい》さく，その超《ちょう》ミクロな宇宙《うちゅう》が急激《きゅうげき》に膨張《ぼうちょう》することによって，広大《こうだい》な宇宙《うちゅう》になったというのです。

時空《じくう》の誕生《たんじょう》があってはじめて，時間《じかん》もはじまった

この発想《はっそう》は，素粒子《そりゅうし》の真空《しんくう》からの生成《せいせい》にヒントを得《え》ています。量子論《りょうしろん》によると，たとえ真空《しんくう》であっても，何《なに》もないという状態《じょうたい》はゆるされません。同《おな》じように無《む》も，そのままではいられないというのです。

ビレンキンのいう無《む》とは，空間《くうかん》がないばかりでなく，時間《じかん》もない状態《じょうたい》です。宇宙《うちゅう》の誕生《たんじょう》，つまり時空《じくう》の誕生《たんじょう》があってはじめて，時間《じかん》もはじまったというのです。

1 無《む》からの宇宙創生《うちゅうそうせい》

時間《じかん》も空間《くうかん》もない無《む》は，たえずゆらいでおり，超《ちょう》ミクロな宇《う》宙《ちゅう》が生《う》まれてはすぐに収縮《しゅうしゅく》して消《き》えているといいます。超《ちょう》ミクロな宇宙《うちゅう》の中《なか》には，運《うん》よく膨《ぼう》張《ちょう》することができるものがいて，それが私《わたし》たちの宇宙《うちゅう》となりました。

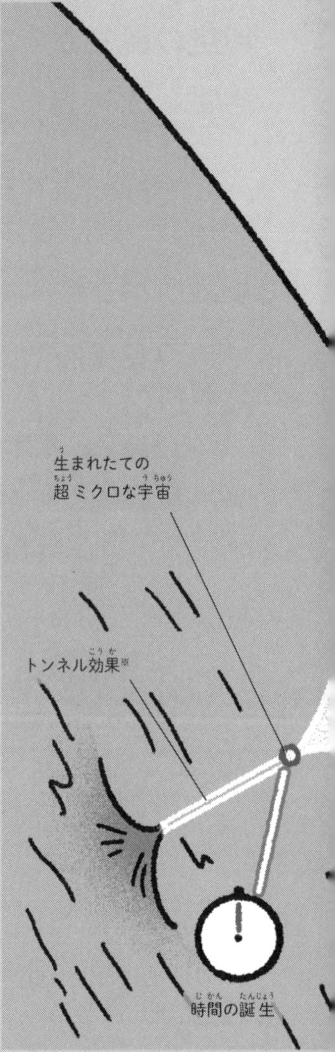

※：トンネル効果《こうか》は，168ページでくわしく説明《せつめい》します。

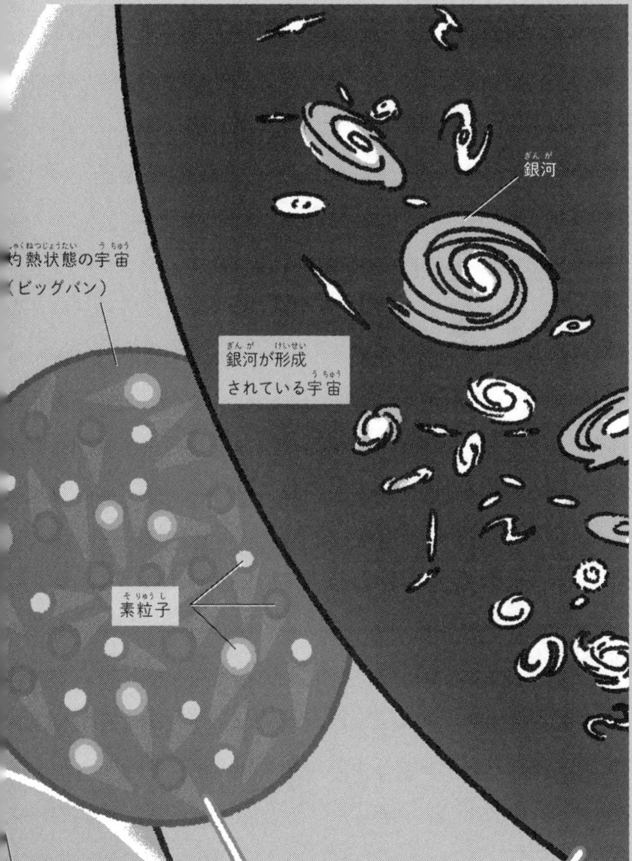
銀河《ぎんが》
灼熱状態《しゃくねつじょうたい》の宇宙《うちゅう》
（ビッグバン）
銀河《ぎんが》が形成《けいせい》
されている宇宙《うちゅう》
素粒子《そりゅうし》
急激《きゅうげき》な膨張《ぼうちょう》
（インフレーション）
ゆるやかな膨張《ぼうちょう》

2 時間《じかん》をさかのぼると，宇宙《うちゅう》は一《ひと》つの点《てん》に行《い》き着《つ》く

特異点《とくいてん》とは，時空《じくう》のゆがみ方《かた》が無限大《むげんだい》になる点《てん》

　過去《かこ》から未来《みらい》へ，宇宙空間《うちゅうくうかん》はどのように変化《へんか》するのでしょうか。ロシアの数学者《すうがくしゃ》で宇宙物理《うちゅうぶつり》学者《がくしゃ》のアレクサンドル・フリードマン（1888～1925）は，一般相対性理論《いっぱんそうたいせいりろん》をもとにして計算《けいさん》しました。**すると宇宙空間《うちゅうくうかん》は，過去《かこ》にさかのぼるとつぶれて，「特異点《とくいてん》」という１点《てん》になってしまうことがわかりました。**特異点《とくいてん》とは，時空《じくう》のゆがみ方《かた》が無限大《むげんだい》になる点《てん》で，そこでは物質《ぶっしつ》の密度《みつど》と温度《おんど》も無限大《むげんだい》になります。

相対性理論《そうたいせいりろん》では，宇宙誕生《うちゅうたんじょう》の瞬間《しゅんかん》を解明《かいめい》できない

宇宙《うちゅう》の過去《かこ》が特異点《とくいてん》に行《い》き着《つ》くというのは，物理学者《ぶつりがくしゃ》たちを悩《なや》ませました。なぜなら，特異点《とくいてん》では物理学《ぶつりがく》の計算結果《けいさんけっか》が無限大《むげんだい》になり，破《は》たんしてしまうからです。このため，特異点《とくいてん》から宇宙《うちゅう》がはじまったと考《かんが》えると，宇宙《うちゅう》が誕生《たんじょう》した瞬間《しゅんかん》のようすを解《と》き明《あ》かすことができなくなってしまいます。

つまり，一般相対性理論《いっぱんそうたいせいりろん》だけで考《かんが》えてしまうと，宇宙誕生《うちゅうたんじょう》の瞬間《しゅんかん》を解明《かいめい》することはできないのです。

2 特異点《とくいてん》から膨張《ぼうちょう》する宇宙《うちゅう》

一般相対性理論《いっぱんそうたいせいりろん》をもとに考《かんが》えると，宇宙《うちゅう》のはじまりは「特異《とくい》点《てん》」という一《ひと》つの点《てん》になります。イラストは，特異点《とくいてん》を出発点《しゅっぱつてん》にして，時間《じかん》を経《へ》るごとに膨張《ぼうちょう》して大《おお》きくなる宇宙《うちゅう》（球《たま》の表面《ひょうめん》）のイメージをえがきました。

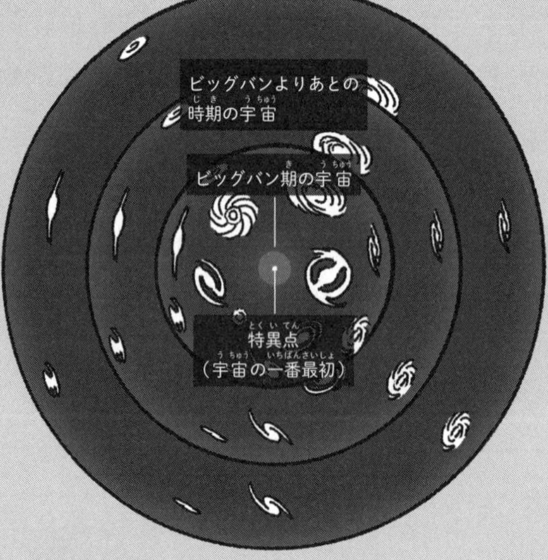

フリードマンが提案《ていあん》した，膨張《ぼうちょう》する宇宙《うちゅう》モデル

フリードマンが一般相対性理論《いっぱんそうたいせいりろん》の方程式《ほうていしき》からみちびいた宇宙《うちゅう》モデルです。誕生《たんじょう》からずっと，宇宙《うちゅう》は膨張《ぼうちょう》をつづけています。

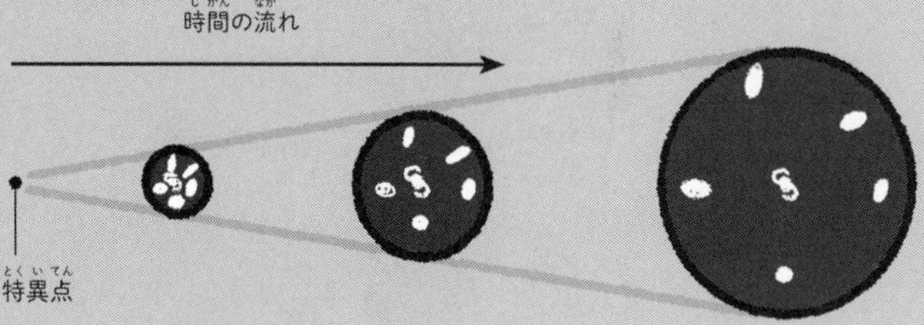

3 宇宙《うちゅう》の卵《たまご》は，生成《せいせい》と消滅《しょうめつ》をくりかえしたのかもしれない

ごく短時間《たんじかん》では，存在自体《そんざいじたい》も定《さだ》まらない

一般相対性理論《いっぱんそうたいせいりろん》だけでは，宇宙誕生《うちゅうたんじょう》の瞬間《しゅんかん》を解明《かいめい》できないことがわかりました。そこで必要《ひつよう》になるのが，「量子論《りょうしろん》」です。量子論《りょうしろん》とは，原子《げんし》のような，ミクロな物質《ぶっしつ》のふるまいなどを説明《せつめい》する理論《りろん》です。

量子論《りょうしろん》によると，10^{-20}秒程度以下《びょうていどいか》という，私《わたし》たちが認識《にんしき》できないようなごく短《みじか》い時間《じかん》では，物質《ぶっしつ》が「ある」，「ない」という存在自体《そんざいじたい》も定《さだ》まらなくなるといいます。何《なに》もないはずの真空中《しんくうちゅう》でも，粒子《りゅうし》がペアになって生《う》まれ，すぐに消滅《しょうめつ》するというのです。それと同《おな》じようなことが，宇《う》宙《ちゅう》が誕生《たんじょう》するときにもおきていたと考《かんが》えられています。

3 宇宙《うちゅう》の存在自体《そんざいじたい》がゆらいでいた

10^{-33}センチメートルという極小《きょくしょう》の領域《りょういき》では，時空自体《じくうじたい》が大《おお》きくゆらいでいるという考《かんが》えがあります。宇宙《うちゅう》のはじまりが，極《きょく》小《しょう》サイズでおきたのだとすると，宇宙《うちゅう》の存在自体《そんざいじたい》がゆらいでいたのではないかと考《かんが》えられています。

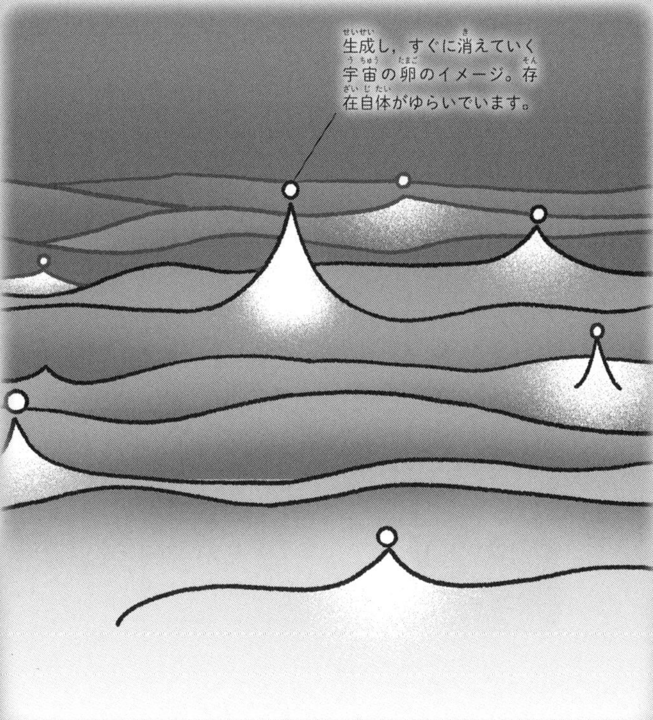

宇宙《うちゅう》の卵《たまご》から，膨張《ぼうちょう》をはじめるものがあらわれた

宇宙《うちゅう》の大《おお》きさが，10^{-33}センチメートル※よりも小《ちい》さいときには，宇宙《うちゅう》の存在自体《そんざいじたい》がゆらいでおり，宇宙自体《うちゅうじたい》が生成《せいせい》，消滅《しょうめつ》をくりかえしていたのではないかと考《かんが》えられています。そして，そのような宇宙《うちゅう》の卵《たまご》の中《なか》から，すさまじい勢《いきお》いで膨張《ぼうちょう》をはじめるものがあらわれました。これが私《わたし》たちの宇宙《うちゅう》になったらしいのです。しかしそれは，どのようなしくみでおきるのでしょうか。

※：プランク長《ちょう》。現在《げんざい》の物理学《ぶつりがく》があつかえる最小《さいしょう》の長《なが》さ。

4 宇宙《うちゅう》は，エネルギーの山《やま》をすりぬけて急膨張《きゅうぼうちょう》した

宇宙《うちゅう》の卵《たまご》が大《おお》きくなるには，エネルギーが必要《ひつよう》

　宇宙《うちゅう》の卵《たまご》の運命《うんめい》は，その大《おお》きさにかかっています。すなわち，小《ちい》さければ宇宙《うちゅう》の卵《たまご》はすぐにつぶれてしまい，大《おお》きければ急激《きゅうげき》に膨張《ぼうちょう》します。

　宇宙《うちゅう》の卵《たまご》が，自然《しぜん》に急膨張《きゅうぼうちょう》を開始《かいし》できるサイズにまで大《おお》きくなるには，その過程《かてい》で大《おお》きなエネルギーが必要《ひつよう》です。つまり，エネルギーの山《やま》をこえなくてはなりません。ビレンキンは，「私《わたし》たちの宇宙《うちゅう》は，宇宙《うちゅう》の卵《たまご》がトンネル効果《こうか》を使《つか》って山《やま》をこえ，急膨張《きゅうぼうちょう》する宇宙《うちゅう》に転《てん》じて生《しょう》じたものだ」と考《かんが》えました。

こえられないはずの高《たか》い山《やま》をこえられる

トンネル効果《こうか》とは，量子論《りょうしろん》にもとづく現象《げんしょう》です。量子論《りょうしろん》では，ごく短《みじか》い時間《じかん》では，エネルギーの大《おお》きさは不確定《ふかくてい》になります。そのため，粒《りゅう》子《し》が瞬間的《しゅんかんてき》に非常《ひじょう》に大《おお》きな運動《うんどう》のエネルギーをもつ場合《ばあい》があるのです。

このようなスーパー粒子《りゅうし》になると，右《みぎ》のイラストのように，本来《ほんらい》はこえられないはずの高《たか》い山《やま》をこえて，山《やま》の向《む》こう側《がわ》に行《い》くことができます。それがあたかも，粒子《りゅうし》がいつのまにか山《やま》をすり抜《ぬ》けて，向《む》こう側《がわ》にたどりついたかのようにも見《み》えるので，この現象《げんしょう》を「トンネル効果《こうか》」といいます。

4 トンネル効果《こうか》

私《わたし》たちがふだん目《め》にするマクロな大《おお》きさの球《たま》は，谷《たに》を行《い》ったり来《き》たりするだけで，山《やま》をこえることはできません。しかし，ミクロな世界《せかい》では，粒子《りゅうし》が瞬間的《しゅんかんてき》に高《たか》い運動《うんどう》エネルギーをもち，山《やま》の向《む》こう側《がわ》に行《い》き着《つ》くことができる場合《ばあい》があります。これがトンネル効果《こうか》です。

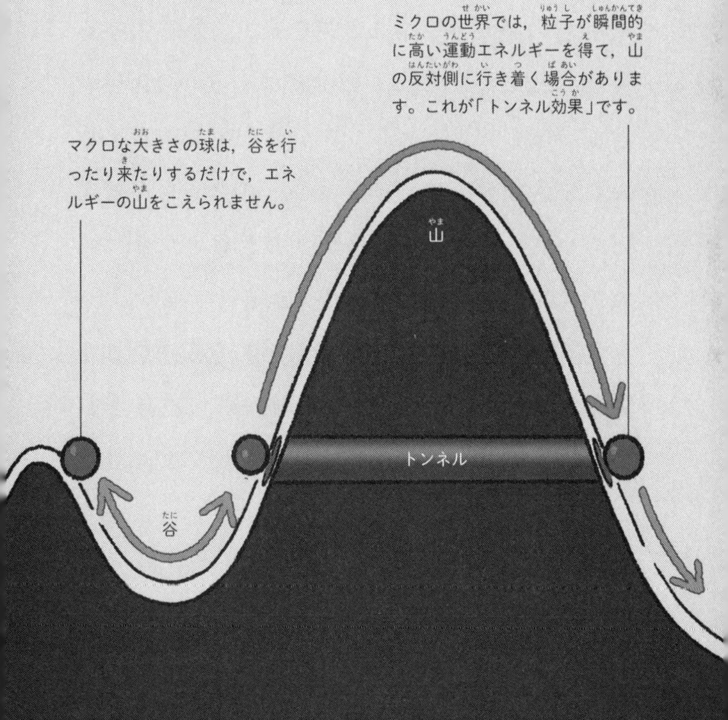

5 大《おお》きさゼロの宇宙《うちゅう》の卵《たまご》が，私《わたし》たちの宇宙《うちゅう》になった

宇宙《うちゅう》の卵《たまご》の大《おお》きさがゼロでも，トンネル効果《こうか》がおきる

宇宙《うちゅう》の卵《たまご》がトンネル効果《こうか》を経《へ》て，急膨張《きゅうぼうちょう》する宇宙《うちゅう》に転《てん》じるために，卵《たまご》はどれくらいの大《おお》きさが必要《ひつよう》でしょう。ビレンキンは思考《しこう》を重《かさ》ねました。小《ちい》さな宇宙《うちゅう》の卵《たまご》を考《かんが》え，その大《おお》きさをどんどん小《ちい》さくしていったら何《なに》がおきるのかを考《かんが》えたのです。するとおどろくべき結果《けっか》を得《え》ました。宇宙《うちゅう》の卵《たまご》の大《おお》きさがゼロであっても，トンネル効果《こうか》がおきる確率《かくりつ》はゼロではなかったのです。むしろ宇宙《うちゅう》の卵《たまご》の大《おお》きさをゼロにした方《ほう》が，計算《けいさん》は単純《たんじゅん》になりました。

小《ちい》さな宇宙《うちゅう》は，非常《ひじょう》に高《たか》いエネルギーをもっている

　この結論《けつろん》からビレンキンは，1982年《ねん》に，私《わたし》たちの宇宙《うちゅう》は時間《じかん》も空間《くうかん》もない無《む》から生《う》まれたという仮説《かせつ》，「無《む》からの宇宙創生《うちゅうそうせい》」を発表《はっぴょう》しました。

　トンネル効果《こうか》によって創造《そうぞう》された小《ちい》さな宇宙《うちゅう》は，非常《ひじょう》に高《たか》いエネルギーをもっているといわれています。この真空《しんくう》のエネルギーが空間《くうかん》の膨《ぼう》張力《ちょうりょく》を生《う》みだすため，小《ちい》さな宇宙《うちゅう》は急激《きゅうげき》な膨張《ぼうちょう》（インフレーション）をするのです。

5 宇宙《うちゅう》の卵《たまご》を小《ちい》さくすると……

ビレンキンは，小《ちい》さな宇宙《うちゅう》の卵《たまご》を考《かんが》え，その大《おお》きさをどんどん小《ちい》さくしていったら何《なに》がおきるのかを考《かんが》えました。その結《けっ》果《か》，大《おお》きさをゼロにしても，トンネル効果《こうか》はおきうると考《かんが》えました。

トンネル効果《こうか》がおきうる

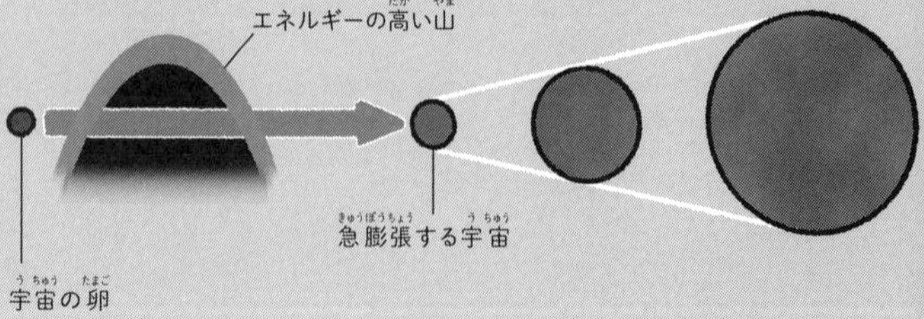

トンネル効果《こうか》がおきうる

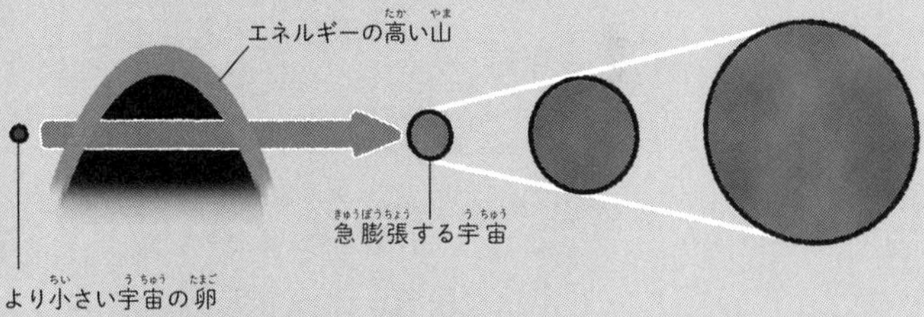

無《む》からもトンネル効果《こうか》がおきうる！

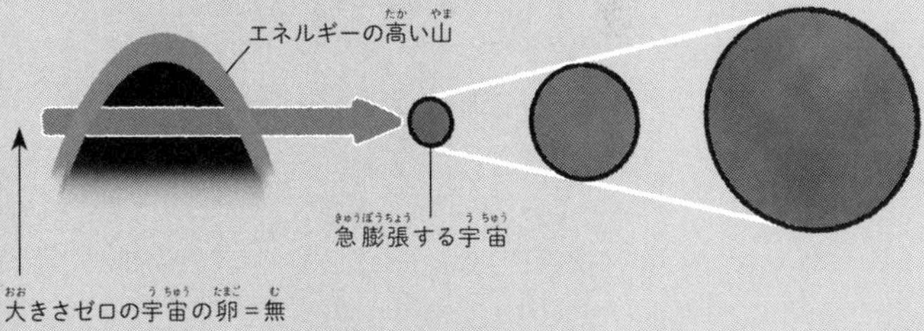

博士《はかせ》！教《おし》えて!!

宇宙《うちゅう》の膨張《ぼうちょう》はなぜわかったの？

博士《はかせ》，宇宙《うちゅう》が膨張《ぼうちょう》してるって，なんでわかったんですか？

最初《さいしょ》は，アインシュタインの一般相対性理論《いっぱんそうたいせいりろん》からみちびきだされたんじゃ。その後《ご》，アメリカの天文学者《てんもんがくしゃ》のハッブルが，観測《かんそく》で宇宙《うちゅう》の膨張《ぼうちょう》を発見《はっけん》しておる。

へぇ～。観測《かんそく》でどうやってわかったんですか？

地球《ちきゅう》からさまざまな距離《きょり》にある銀河《ぎんが》を観測《かんそく》したところ，遠《とお》くにある銀河《ぎんが》ほど，速《はや》く遠《とお》ざかっていることがわかったんじゃ。

えっ，どういうことですか？

ふむ。たとえば宇宙全体《うちゅうぜんたい》が1時間《じかん》で2倍《ばい》に膨《ぼう》張《ちょう》する場合《ばあい》，地球《ちきゅう》から1億光年先《おくこうねんさき》の銀河《ぎんが》は

2億光年先《おくこうねんさき》に移動《いどう》するから時速《じそく》1億光年《おくこうねん》，10億光年先《おくこうねんさき》の銀河《ぎんが》は20億光年先《おくこうねんさき》に移動《いどう》するから時速《じそく》10億光年《おくこうねん》じゃ。どうじゃ，遠《とお》くにある銀《ぎん》河《が》ほど，速《はや》く遠《とお》ざかるじゃろ。これは，宇宙《うちゅう》全体《ぜんたい》が膨張《ぼうちょう》しているからこそおきることなんじゃ。むずかしいかの。

銀河《ぎんが》が地球《ちきゅう》から遠《とお》ざかるような運動《うんどう》をしていること，遠《とお》ざかる速《はや》さがその銀河《ぎんが》までの距離《きょり》に比例《ひれい》していることを，「ハッブル・ルメートルの法則《ほうそく》」といいます。

6 誕生直後《たんじょうちょくご》の宇宙《うちゅう》に，虚数時間《きょすうじかん》が流《なが》れていたのかもしれない

虚数《きょすう》の時間《じかん》が流《なが》れていたなら，特異点《とくいてん》は回避《かいひ》できる

一般相対性理論《いっぱんそうたいせいりろん》だけで宇宙《うちゅう》のモデルを考《かんが》えると，宇宙《うちゅう》のはじまりは計算不可能《けいさんふかのう》な「特異点《とくいてん》」になってしまいます。**ところが，宇宙《うちゅう》が生《う》まれたときに「虚数《きょすう》の時間《じかん》」が流《なが》れていたとすると，この特異点《とくいてん》は回避《かいひ》できるといいます。これを，「無境界仮説《むきょうかいかせつ》」といいます。**

無境界仮説《むきょうかいかせつ》は，イギリスの理論物理学者《りろんぶつりがくしゃ》のスティーブン・ホーキング（1942～2018）と，アメリカの物理学者《ぶつりがくしゃ》のジェームズ・ハートル（1939～2023）が提唱《ていしょう》しました。

空間《くうかん》と時間《じかん》を同《おな》じレベルであつかえる

私《わたし》たちがふだん使《つか》う実数時間《じっすうじかん》の世界《せかい》では，空間《くうかん》と時間《じかん》のあつかいはことなります。

空間《くうかん》の中《なか》は自由《じゆう》に行《い》き来《き》できるのに対《たい》して，時間《じかん》は過去《かこ》から未来《みらい》への一方向《いちほうこう》にしか進《すす》めません。ところが，虚数時間《きょすうじかん》が流《なが》れる世界《せかい》では，計算上《けいさんじょう》，空間《くうかん》と時間《じかん》を同《おな》じレベルであつかえます。

宇宙《うちゅう》のはじまりで空間《くうかん》と時間《じかん》が同等《どうとう》になると，宇宙《うちゅう》のはじまりは計算不可能《けいさんふかのう》な「特異点《とくいてん》」ではなくなり，ほかの時期《じき》の宇宙《うちゅう》と何《なん》ら区別《くべつ》されないことになるのです。

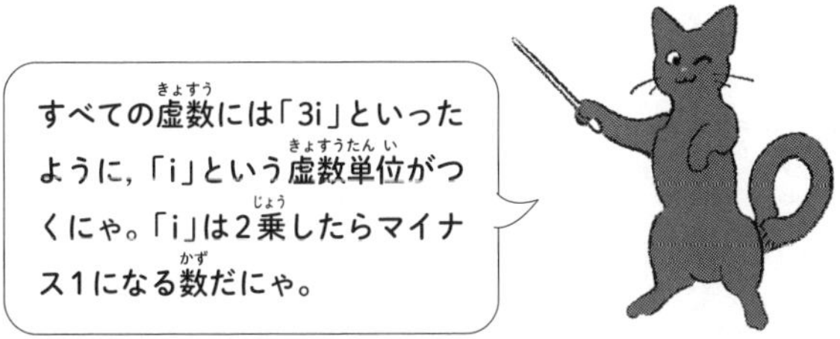

6 虚数時間《きょすうじかん》の宇宙《うちゅう》モデル

イラストは，一般相対性理論《いっぱんそうたいせいりろん》のみからみちびかれた宇宙誕生《うちゅうたんじょう》モデルと，量子論《りょうしろん》を取《と》り入《い》れてみちびかれた宇宙誕生《うちゅうたんじょう》モデルの形《かたち》を，くらべたものです。量子論《りょうしろん》を取《と》り入《い》れたモデルでは，虚《きょ》数時間《すうじかん》が宇宙誕生《うちゅうたんじょう》の瞬間《しゅんかん》に導入《どうにゅう》されたことで，空間《くうかん》と時間《じかん》の区別《くべつ》はなくなり，底《そこ》の形《かたち》がなめらかになります。

一般相対性理論《いっぱんそうたいせいりろん》のみからみちびかれた宇宙誕生《うちゅうたんじょう》モデル

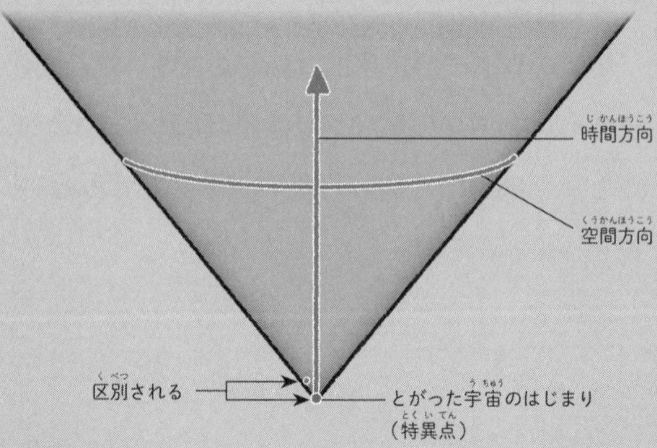

宇宙《うちゅう》のはじまりが特異点《とくいてん》になってしまい，宇宙誕生《うちゅうたんじょう》の瞬間《しゅんかん》を物理学的《ぶつりがくてき》に計算《けいさん》すると破《は》たんします。

一般相対性理論《いっぱんそうたいせいりろん》と量子論《りょうしろん》からみちびかれた宇宙誕生《うちゅうたんじょう》モデル

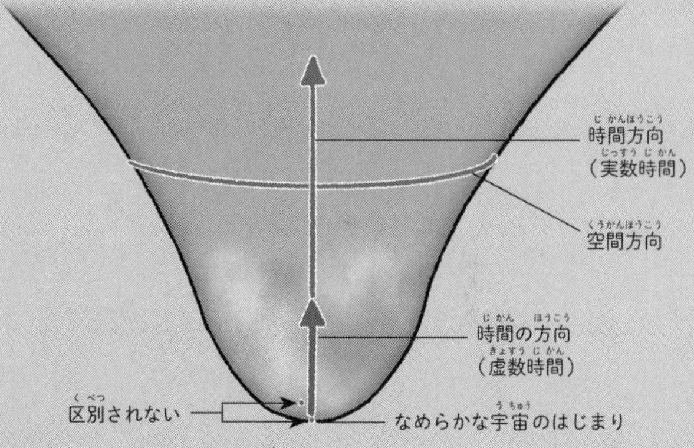

空間《くうかん》と時間《じかん》の区別《くべつ》はなく，特異点《とくいてん》は回避《かいひ》され，宇宙《うちゅう》誕生《たんじょう》を解《と》き明《あ》かす望《のぞ》みがつながれました。

7 虚数時間《きょすうじかん》で，エネルギーの山《やま》は谷《たに》になる

上《のぼ》り坂《ざか》が，虚数時間《きょすうじかん》の世界《せかい》では下《くだ》り坂《ざか》とみなせる

虚数《きょすう》の時間《じかん》が流《なが》れる世界《せかい》は，私《わたし》たちの実数時《じっすうじ》間《かん》の世界《せかい》とは何《なに》がことなるのでしょうか。

例《れい》をあげると，運動《うんどう》の向《む》き（加速度《かそくど》の向《む》き）のちがいがあります。虚数時間《きょすうじかん》の世界《せかい》では，力《ちから》を受《う》けた物体《ぶったい》が，力《ちから》とは逆向《ぎゃくむ》きに動《うご》くのです。坂《さか》道《みち》であれば，実数時間《じっすうじかん》の世界《せかい》では上《のぼ》り坂《ざか》だった坂《さか》が，虚数時間《きょすうじかん》の世界《せかい》では下《くだ》り坂《ざか》とみなせます。

7 山《やま》が谷《たに》になる

宇宙《うちゅう》が誕生《たんじょう》した瞬間《しゅんかん》，虚数《きょすう》の時間《じかん》が流《なが》れていたと仮定《かてい》すると，宇宙《うちゅう》の卵《たまご》に立《た》ちはだかっていた山《やま》は，谷《たに》とみなせます。宇宙《うちゅう》の卵《たまご》は，谷《たに》を下《くだ》って楽《らく》に，谷《たに》の向《む》こう側《がわ》に行《い》き着《つ》くことができるのです。そこまで行《い》き着《つ》いた宇宙《うちゅう》の卵《たまご》は，急膨張《きゅうぼうちょう》をはじめます。

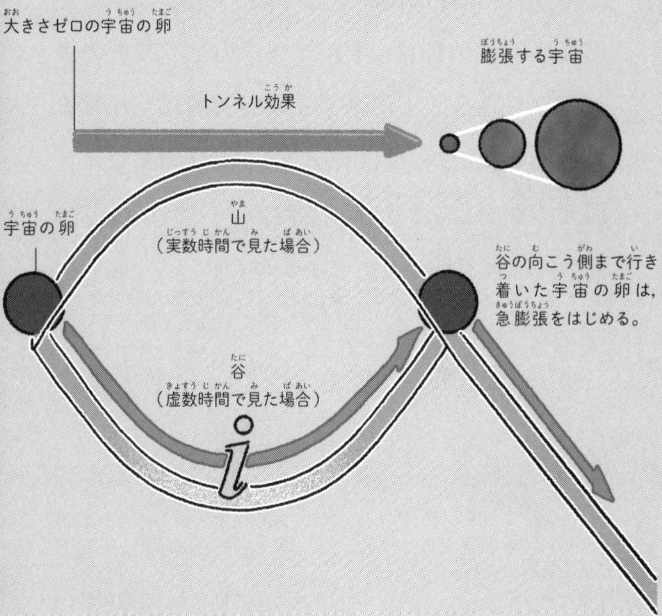

宇宙《うちゅう》の卵《たまご》は，谷《たに》を通《とお》って急膨張《きゅうぼうちょう》する宇宙《うちゅう》に転《てん》じた

これを，宇宙誕生《うちゅうたんじょう》の瞬間《しゅんかん》にあてはめて考《かんが》えてみるとどうでしょうか。**生成《せいせい》してすぐに消滅《しょうめつ》する宇宙《うちゅう》の卵《たまご》が，急膨張《きゅうぼうちょう》する宇宙《うちゅう》に転《てん》じるためにこえるべき高《たか》い山《やま》は，実質的《じっしつてき》に谷《たに》になります。**そのため宇宙《うちゅう》の卵《たまご》は，181ページのイラストのように谷《たに》を通《とお》って急膨張《きゅうぼうちょう》する宇宙《うちゅう》に難《なん》なく転《てん》じることができます。つまり虚数時間《きょすうじかん》が流《なが》れていたと仮定《かてい》することで，宇宙創生時《うちゅうそうせいじ》のトンネル効果《こうか》を，自然《しぜん》に説明《せつめい》することができるのです。

8 生《う》まれ変《か》わる宇宙《うちゅう》は，無《む》からはじまったのか？

宇宙《うちゅう》は，誕生《たんじょう》と終焉《しゅうえん》をくりかえしている

無《む》から宇宙《うちゅう》がはじまったという説《せつ》がある一方《いっぽう》で，「宇宙《うちゅう》にはじまりはなく，誕生《たんじょう》と終焉《しゅうえん》（膨張《ぼうちょう》と収縮《しゅうしゅく》）をくりかえしている」と考える物理学者《ぶつりがくしゃ》もいます。このような仮説《かせつ》は，「サイクリック宇宙論《うちゅうろん》」とよばれています。

サイクリック宇宙論《うちゅうろん》によると，ビッグバンを経《へ》て膨張《ぼうちょう》しつづけていた宇宙《うちゅう》は，あるところで収縮《しゅうしゅく》しはじめ，最後《さいご》には宇宙空間《うちゅうくうかん》がすべて1点《てん》に集《あつ》まる「ビッグクランチ」がおきます。しかし，まるで地面《じめん》にむけて投《な》げたゴムボールが大《おお》きくはね上《あ》がるように，宇宙《うちゅう》はふたたび急激《きゅうげき》な膨張《ぼうちょう》に転《てん》じ，またビッグバンを経《へ》て生《う》まれ変《か》わるかもしれないというのです。

生《う》まれ変《か》わる宇宙《うちゅう》は，以前《いぜん》と同《おな》じ状態《じょうたい》に戻《もど》れない

もし，このような膨張《ぼうちょう》と収縮《しゅうしゅく》のくりかえしが永遠《えいえん》につづいているとすれば，宇宙《うちゅう》は無《む》から生《う》まれたわけではなく，ずっと前《まえ》から存在《そんざい》していたということになります。ところが，このように生《う》まれ変《か》わる宇宙《うちゅう》は，以前《いぜん》とまったく同《おな》じ状態《じょうたい》に戻《もど》ることはできないということをみちびく計算結《けいさんけっ》果《か》が，1934年《ねん》に発表《はっぴょう》されました。そのため21世紀《せいき》に入《はい》るまでは，サイクリック宇宙論《うちゅうろん》であっても，宇宙《うちゅう》にははじまりがあったと考《かんが》えられていました。

8 サイクリック宇宙論《うちゅうろん》

宇宙《うちゅう》はビッグバンを経《へ》て膨張《ぼうちょう》し，その後《ご》ビッグクランチによってつぶれてしまう可能性《かのうせい》があるといいます。これを何度《なんど》もくりかえして，宇宙《うちゅう》が生《う》まれ変《か》わっているという仮説《かせつ》が，「サイクリック宇宙論《うちゅうろん》」です。

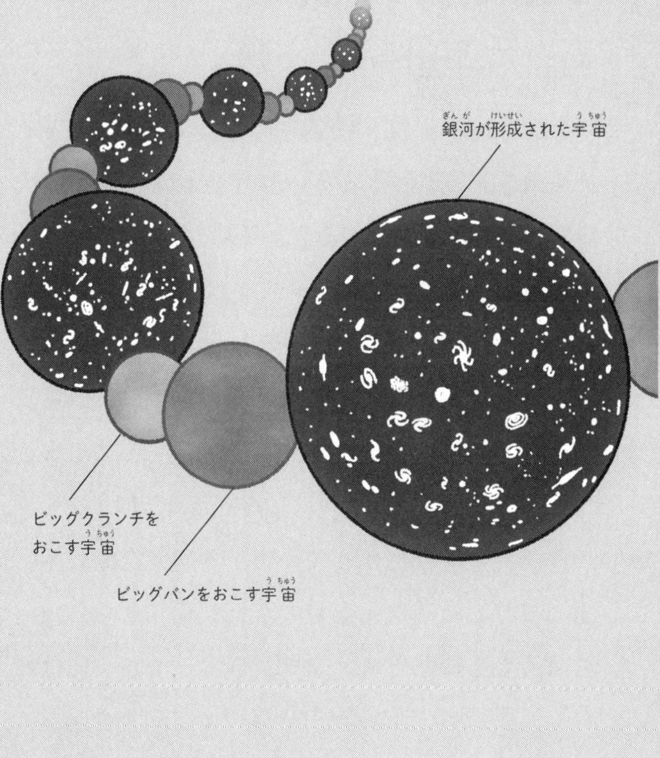

9 時空《じくう》の無《む》を考《かんが》えない 宇宙誕生《うちゅうたんじょう》のシナリオもある

3次元空間《じげんくうかん》の宇宙《うちゅう》は，高次元空間《こうじげんくうかん》に浮《う》かぶ膜《まく》

21世紀《せいき》に入《はい》って，宇宙《うちゅう》にははじまりがあったという，初期《しょき》のサイクリック宇宙論《うちゅうろん》の問題《もんだい》を解《かい》決《けつ》する理論《りろん》が示《しめ》されました。それが，「エキピロティック宇宙論《うちゅうろん》」です。

エキピロティック宇宙論《うちゅうろん》のもとになったのは，「ブレーンワールド」という仮説《かせつ》です。私《わたし》たちは，縦《たて》・横《よこ》・高《たか》さがある3次元《じげん》の空間《くうかん》に暮《く》らしています。ブレーンワールドでは，6次元《じげん》または7次元《じげん》の高次元空間《こうじげんくうかん》が広《ひろ》がっていて，3次元空間《じげんくうかん》の宇《う》宙《ちゅう》はこうした高次元空間《こうじげんくうかん》に浮《う》かぶ膜《まく》（ブレーン）のようなものだと考《かんが》えます。膜《まく》は一《ひと》つだけではなく，まったく別《べつ》の膜《まく》が浮《う》かんでいる可能性《かのうせい》があるといいます。

9 くりかえされる膜《まく》の衝突《しょうとつ》

高次元空間《こうじげんくうかん》に浮《う》かぶ二《ふた》つの膜《まく》（ブレーン）が，衝突《しょうとつ》をくりかえすイメージをえがきました。1から時計《とけい》まわりに4まで進《すす》み，また1へともどります。このように，私《わたし》たちの宇宙《うちゅう》は生《う》まれ変《か》わりをくりかえしているのかもしれません。

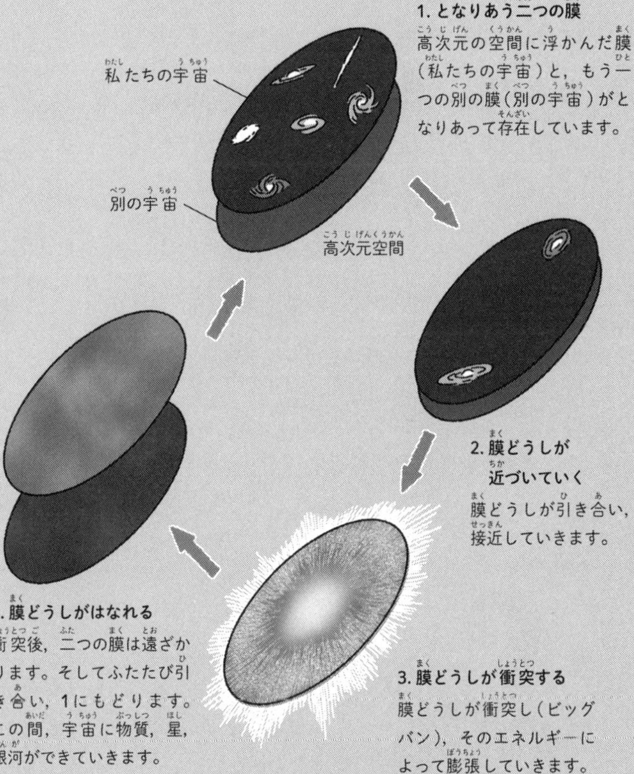

膜《まく》どうしが衝突《しょうとつ》して生《う》まれ変《か》わりがおきる

エキピロティック宇宙論《うちゅうろん》は，この二《ふた》つの膜《まく》どうしがたがいに接近《せっきん》，衝突《しょうとつ》して，そのぼう大《だい》なエネルギーが生《う》まれ変《か》わりを引《ひ》きおこすと考《かんが》えるのです。このような膜《まく》の運動《うんどう》によって，宇宙《うちゅう》が誕生《たんじょう》と終焉《しゅうえん》を永遠《えいえん》にくりかえしていると考《かんが》えます。この場合《ばあい》，無《む》から宇宙《うちゅう》が誕生《たんじょう》したというシナリオは考《かんが》えなくてよいことになります。

宇宙《うちゅう》のはじまりに究極《きゅうきょく》の無《む》はあったのか，なかったのか。さまざまな仮説《かせつ》の検証《けんしょう》が望《のぞ》まれています。

memo

ビレンキン苦難《くなん》の道《みち》のり

無《む》からの宇宙創生論《うちゅうそうせいろん》を発表《はっぴょう》

さくいん

り

れ

ろ

memo

シリーズ第《だい》**12**弾《だん》!!

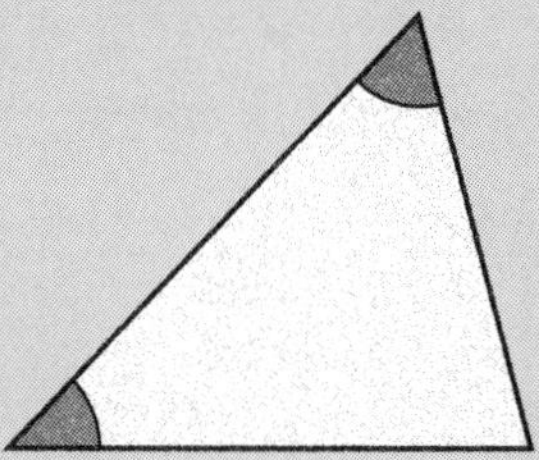

ニュートン超図解《ちょうずかい》新書《しんしょ》

最強《さいきょう》に面白《おもしろ》い 数《すう》学《がく》 図形編《ずけいへん》

2023年《ねん》10月《がつ》発売予定《はつばいよてい》　新書判《しんしょばん》・200ページ　990円《えん》（税込《ぜいこみ》）

三角形《さんかっけい》に四角形《しかっけい》，円《えん》や球《きゅう》など，私《わたし》たちの身《み》のまわりには，さまざまな「形《かたち》
があふれています。それぞれの形《かたち》にはどのような特徴《とくちょう》があるのでしょうか
そして，ものがその形《かたち》になっているのはどうしてでしょうか。

本書《ほんしょ》は，2020年《ねん》5月《がつ》に発売《はつばい》された，ニュートン式《しき》超《ちょう》図解《ずかい》最強《さいきょう》に面白《おもしろ》い
『数学《すうがく》　図形編《ずけいへん》』の新書版《しんしょばん》です。さまざまな形《かたち》について，“最強《さいきょう》に”面白《おもしろ》く紹
介《かい》する1冊《さつ》です。本書《ほんしょ》を読《よ》み進《すす》めていけば，身《み》のまわりの形《かたち》について，どん
どん興味《きょうみ》がわくことでしょう。ぜひご一読《いちどく》ください！

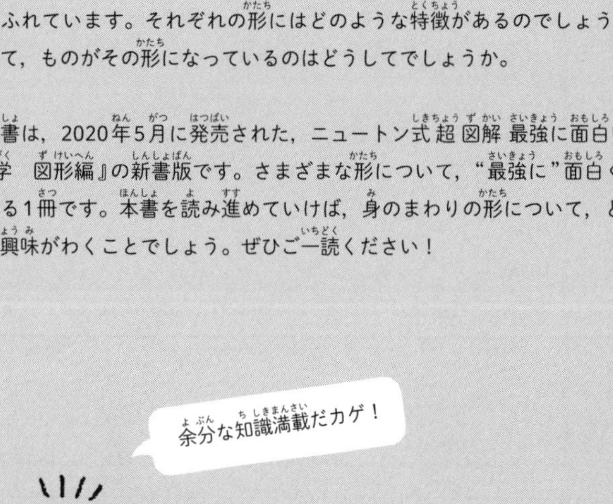

主《おも》な内容《ないよう》

ながめて納得《なっとく》！ 三角形《さんかっけい》，四角形《しかっけい》，多角形《たかっけい》の法則《ほうそく》

点《てん》と線《せん》，角《かく》の関係《かんけい》をみてみよう

あらゆる多面体《ためんたい》に成《な》り立《た》つ「オイラーの多面体定理《ためんたいていり》」

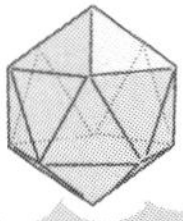

神秘《しんぴ》の数《かず》「π《パイ》」が生《う》む円《えん》と球《きゅう》の性質《せいしつ》

現代社会《げんだいしゃかい》で大活躍《だいかつやく》する円《えん》と球《きゅう》

正多角形《せいたかっけい》から円周率《えんしゅうりつ》の値《あたい》にせまってみよう！

自然界《しぜんかい》や建築物《けんちくぶつ》にあらわれる曲線《きょくせん》の美《び》

垂《た》れた鎖《くさり》の曲線《きょくせん》「カテナリー」が，ガウディ建築《けんちく》を生《う》んだ

自動車《じどうしゃ》の車輪《しゃりん》は，「サイクロイド曲線《きょくせん》」をえがく

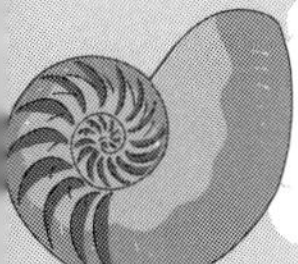

美《び》がかくされた？神秘《しんぴ》の比《ひ》「黄金比《おうごんひ》」

古代《こだい》ギリシアの時代《じだい》から知《し》られていた

フィボナッチの「ウサギの問題《もんだい》」

伸《の》び縮《ちぢ》みさせて図形《ずけい》を調《しら》べる「トポロジー」

図形《ずけい》を分類《ぶんるい》する学問《がくもん》「トポロジー」

電車《でんしゃ》の路線図《ろせんず》は，トポロジーでつくられた

Staff

Editorial Management　中村真哉
Editorial Staff　道地恵介
Cover Design　岩本陽一
Design Format　村岡志津加（Studio Zucca）

Illustration

表紙カバー　岡田悠梨乃さんのイラストを元に佐藤蘭名が作成
表紙　岡田悠梨乃さんのイラストを元に佐藤蘭名が作成
11～131　岡田悠梨乃
133～137　カサネ・治さんのイラストを元に岡田悠梨乃が作成
139～191　岡田悠梨乃

監修（敬称略）：
和田純夫（元・東京大学大学院総合文化研究科専任講師）

本書は主に，Newton 別冊『無（ゼロ）の科学』とNewton 別冊『インフレーション，パラレル宇宙論』の一部記事を抜粋し，大幅に加筆・再編集したものです。

ニュートン超《ちょう》図《ず》解《かい》新《しん》書《しょ》
最《さい》強《きょう》に面《おも》白《しろ》い　無《む》

2023年11月10日発行

発行人　高森康雄
編集人　中村真哉
発行所　株式会社 ニュートンプレス　〒112-0012 東京都文京区大塚3-11-6
https://www.newtonpress.co.jp/
電話 03-5940-2451

ISBN978-4-315-52754-4